《宠物行为与驯导》编审人员

主　编　王　龙　刘佰慧　王　晨

副主编　朱玉俭　陈则东　刘志健

编　者　王　龙（黑龙江农业工程职业学院）

　　　　刘佰慧（黑龙江农业工程职业学院）

　　　　王　晨（黑龙江农业工程职业学院）

　　　　朱玉俭（黑龙江农业经济职业学院）

　　　　陈则东（江苏农牧科技职业学院）

　　　　刘志健（黑龙江农业工程职业学院）

　　　　陈　滨（黑龙江职业学院）

　　　　汤俊一（黑龙江农业工程职业学院）

　　　　徐增华（天津中爱罗威纳犬俱乐部有限公司）

　　　　王　龙（哈尔滨铁路公安局警犬繁育训练支队）

主　审　莫胜军（黑龙江农业工程职业学院）

　　　　赵东民（天津中爱罗威纳犬俱乐部有限公司）

前言
PREFACE

　　高等职业教育与普通高等教育是高等教育的不同类型已毋庸置疑，如何通过"三教改革"，抓住高职院校教学改革的关键点，引领高职院校立德树人，培养德技兼修的高素质技术技能人才是关键。国务院《国家职业教育改革实施方案》中提出"倡导使用新型活页式、工作手册式教材并配套开发信息化资源"的教材建设思路，黑龙江农业工程职业学院结合"双高"专业群建设项目的开发与实施，深化"三教"改革，首次尝试25门专业课程工作手册式教材编写。宠物行为与驯导是宠物相关专业的核心课程、畜牧兽医及动物医学的专业拓展课。本教材依据课程教学模块对后续课程的支撑，以及对相应岗位工作内涵的调研和分析，确定学习领域内容，实现教学做合一。

　　本教材是借鉴德国"双元制"职业教育思路，结合我国"双高"建设进行的一项创造性的改革。根据宠物驯导工作灵活性强的要求，教材特别设计了活页工作卡片新形式，便于教学组织实验和学生驯导实操；教材对以往教学内容进行解构与重构，增加行业前沿知识和技术，同时整合1+X宠物护理与美容项目，与行业应用同频；采用多元编写制，即企业与学校共同参与；结合现代化的数字化资源，教材与相关在线课程有机联动，互融互通，通过与微课视频、动画等数字资源配套，更大限度提升教学效率；教材强化课程思政，以生物安全、人身安全、环境保护、辩证思维、团队协作等为切入点，对学生进行潜移默化的教育和培养，培养学生社会主义核心价值观和职业素养，培养德、智、体、美、劳全面发展的高素质劳动者和社会主义接班人。

　　本教材的编写分工是：黑龙江农业工程职业学院王龙任主编并编写模块一项目1，项目4-4～项目4-10，模块三，训练卡片；黑龙江农业工程职业学院刘佰慧编写模块一项目2-1～项目2-9；天津中爱罗威纳犬俱乐部有限公司徐增华编写模块一项目2-10～项目2-15；黑龙江农业经济职业学院朱玉俭编写模

职业教育宠物类专业新形态系列教材

宠物行为与驯导

王龙　刘佰慧　王晨　主编

化学工业出版社
·北京·

内容简介

《宠物行为与驯导》为首次采用活页工作卡片形式的新形态教材，教材以宠物类相关专业岗位能力需求为导向，以模块为载体，以真实的工作环境为依托，以实际工作应用构建教材内容，精选幼犬的训练与调教、宠物犬的基础服从训练、宠物犬的玩赏互动训练、宠物犬的不良行为调整、工作犬的训练、猫的基础服从训练、猫的玩赏互动训练、观赏鸟的基础训练、观赏鸟的玩赏互动训练等职业岗位中所必需的实践技能及相关理论知识，把宠物类相关专业各岗位的知识、技能整合于一体，有助于掌握并强化职业技能。教材有机融入思政及职业素养内容，体现立德树人根本任务；配套视频等数字资源，可扫描二维码学习；电子课件可从 www.cipedu.com.cn 下载参考。

本教材适合职业教育宠物养护与驯导、宠物医疗技术、动物医学、畜牧兽医类相关专业的学生使用，也可作为从事相关行业技术人员的参考用书。

图书在版编目（CIP）数据

宠物行为与驯导 / 王龙，刘佰慧，王晨主编 .
北京 ：化学工业出版社，2025. 6. -- （职业教育宠物类专业新形态系列教材）. -- ISBN 978-7-122-47734-7

Ⅰ. S865.3

中国国家版本馆 CIP 数据核字第 2025XL6467 号

责任编辑：迟　蕾　李植峰　　　　　　　文字编辑：药欣荣
责任校对：李　爽　　　　　　　　　　　装帧设计：王晓宇

出版发行：化学工业出版社
　　　　　（北京市东城区青年湖南街 13 号　邮政编码 100011）
印　　装：中煤（北京）印务有限公司
787mm×1092mm　1/16　印张 10　字数 202 千字　　　2025 年 7 月北京第 1 版第 1 次印刷

购书咨询：010-64518888　　　　　　　　售后服务：010-64518899
网　　址：http://www.cip.com.cn
凡购买本书，如有缺损质量问题，本社销售中心负责调换。

定　　价：48.00 元

块一项目 3-1～项目 3-5；江苏农牧科技职业学院陈则东编写模块一项目 3-6～项目 3-9；黑龙江农业工程职业学院刘志健编写模块一项目 4-1～项目 4-3；哈尔滨铁路公安局警犬繁育训练支队王龙编写模块一项目 5；黑龙江职业学院陈滨编写模块二项目 1-1～项目 1-5；黑龙江农业工程职业学院王晨编写模块二项目 1-6～项目 1-10；黑龙江农业工程职业学院汤俊一编写模块二项目 2。

教材在编写过程中，得到各位编者所在单位的大力支持，黑龙江农业工程职业学院莫胜军、天津中爱罗威纳犬俱乐部有限公司赵东民对本教材进行审稿，提出诸多修改意见，在此一并表示感谢！

由于编写新形态教材尚属首次尝试，经验不足，加之编者水平能力有限，教材中定会有诸多不足之处，敬请广大读者提出宝贵意见，以便再版时修订。

编者

2025.1

目录
CCNTENTS

模块一

宠物犬的驯导

模块概述

随着社会发展和进步，许多场所都能见到带宠物犬的人，但是"养犬不用驯"的观念影响了目前大多数养宠人的想法，导致经常出现犬不听指挥甚至伤人的事件。其实，训练犬和教育儿童的道理一样，但训练犬与教育儿童也有不同点，如人类无法和犬交谈，无法用语言告诉它们什么样的行为正确，不正当的行为将会造成什么样的后果等。因此，唯一有效的办法就是通过训练让犬学会理解人的意愿，并根据人的意愿做出正确的反应。

本模块包括五大训练项目：

1. 幼犬的训练与调教是一项充满爱心的工作，犬的行为是否有"素质"，完全取决于幼犬期的训练与培养。早期进行训练，才会使犬训练有素，不招他人厌烦，这与人必须遵守社会规则的意义是相同的。在训练与调教幼犬过程中，训练员要有耐心，遵守训练规则，具有奉献精神，而且必须精力充沛地投入。

2. 犬的基础科目训练是为使用科目的训练和实际使用奠定基础的，犬的服从性也必须通过基础科目的训练培养形成。因此，犬的基础科目训练又称为服从科目训练。实践证明，犬基础科目训练得好坏，将直接影响作业能力培养的速度、质量和使用效果。同时，通过这样训练可增强犬的体质和胆量，平衡犬的神经活动过程及相互转化的灵活性，还可以进一步考察与确定犬能否进入使用科目的训练或适合何种科目作业的训练，因此每个训练员必须对此有足够的重视。

3. 多数宠物犬经过玩赏互动训练后能表演很多种技能，有些聪明的犬种天生就具有表演才能，所以宠物犬表演项目的训练只要在基础科目训练的基础上稍加引导就可以训练成功。不是每个主人都愿意训练玩技表演，但人们都认为玩技表演非常有趣。训练中，严格按照要求，循序渐进地进行，对犬是没有任何危害的。

4. 作为犬饲养者，应该首先注意犬的行为异常。行为学可以解释清楚许多问题，诸如犬为什么能认真地做某些事情，犬为什么会莫名其妙地攻击人等。但对行为异常犬的治疗则需要更复杂的逆条件反射和脱敏作用，偶尔还要使用药物治疗或激素处理，以及去势和其他外科疗法。如今，运用生态学、生理学和医学等综合知识，已可纠正动物的许多异常行为。因为多数主人对其爱犬发生的行为异常是非常烦恼的，就如同由于疾病或损伤引起爱犬突然死亡一样，所以犬的主人一般都乐意花费一些精力去实施这些工作。

5. 通常把具有一定作业能力并能协助人类从事或完成相应实际工作的犬称为工作犬。工作犬包括警犬、猎犬、牧羊（畜）犬、救援犬、导盲犬等。要把犬变为工作犬，除具备犬自身的品种及素质条件之外，必须通过专业训练才能实现。

思政及职业素养目标

1. 强化生命至上、救死扶伤和生物安全意识，树立并践行向往美、创造美，以及人和动物和谐共处共生的理念。注重养成科学严谨、缜密思维的良好习惯和工作作风，树立生态环保意识，成长为面向宠物服务行业的创新创业型人才。

2. 牢固树立唯物主义世界观，不断进步；要不断以社会、学习环境、生活环境的变化改变自己，要尽快养成运用所学技能服务生产、服务社会的态度与热情。

3. 培养吃苦耐劳的品质、忠于职守的爱岗敬业精神、严谨务实的工作作风、良好的沟通能力和团队合作意识。

4. 树立从事本专业工作的安全生产、环境保护意识。

项目 1

幼犬的训练与调教

 技能目标

> 熟悉犬安定信号的表达方式并能根据安定信号的表达了解犬的内心想法；能熟练进行犬的社会化训练；能进行犬的新环境适应训练；能熟练进行犬的亲和关系培养训练；能熟练进行犬的唤名、外出、定点排便和安静休息等训练。

项目 1-1　安定信号的认知

一、犬的驯养历程

犬在一万多年前由古狼演化而来，是人类最早驯化的家畜，从人类狩猎和采集的时候起，犬就开始与人类朝夕为伍，此后一直同人类一起生活工作，是真正的家畜化产物。常见的"六畜"是指犬、猪、牛、羊、马、鸡，这一顺序即是按被驯服的先后顺序排名的。因地域及人们使用目的（狩猎、放牧、警卫、战争、伴侣、导盲和观赏等）的不同，在进化或选育中形成了不同的品种或品系。随着人类都市化的快速发展，大量的犬作为宠物进入了千家万户。

二、犬为人类生活做出的贡献

人类养犬、驯犬、用犬，已有近万年的历史。从原始社会帮助人类狩猎开始，到近代帮助人们完成许多复杂艰险的任务，犬对人类社会的贡献巨大。犬事主忠诚，性情温顺，善解人意，经过严格训练后能尽忠尽职。犬聪明伶俐，行动敏捷，嗅觉、听觉灵敏，记忆力强，服从指挥，能征善战，对敌人凶猛、对主人忠诚，这些先天遗传的优秀品性，经过人们科学地训练，得到了充分的发挥，在军用、狩猎、牧畜、观赏、娱乐，以及现代化建设与生活中做出了卓越贡献。

1.狩猎犬

狩猎是犬的一种本能，最初人类驯养家犬的目的就是狩猎，经过专门训练用于狩猎活动的犬称为猎犬。猎犬利用异常灵敏的嗅觉器官不仅可以嗅出各种野生动物的不同气味，还可以依据它们在地面活动留下的气味痕迹把猎物寻到。由于猎犬有发达的嗅觉和灵敏的听觉、视觉，在各种地形的狩猎现场，经常能比猎人更早发现猎物。借助猎犬的搜索驱赶，可以把隐藏的野兽赶到空旷处，给猎人创造更多的狩猎机会，猎捕效果更好；在寒冷的季节，猎犬能找到被击落水中的水禽，也能找出被打伤躲藏起来的鸟兽。另外，当猎人遭遇到大型的凶猛动物时，如有猎犬伴随，猎犬的发达嗅觉，能从空气中嗅到野兽的气味，可以提前发现并用吠声向主人报警；关键时刻还会舍身与野兽拼搏，给主人创造射击或自救的机会。

2.军、警犬

第一次世界大战，德军动用了约4万条训练有素的军犬参战；第二次世界大战，德军投入了更多的军犬，而苏军参战的军犬也有7万条。第二次世界大战结束以后，世界各国都很重视军犬在战争中的作用，纷纷投入巨资和人力从事军犬的研究、培育和训练。

在和平年代的今天，人们利用犬异常灵敏的嗅觉和服从主人指挥的本性，选择其中特别优秀的个体进行严格的科学训练，教会它们专业警务本领，广泛地用于侦缉破案、追捕罪犯、稽查毒品、搜寻爆炸物、驱散肇事人群等领域，在维护社会治安、保障人民生命和财产安全等方面发挥着越来越大的作用。

3.畜牧犬

畜牧犬是人类驯化最早、用途最广的一类。犬有牧羊的本性，只要牧羊犬遇到羊群，就会主动去担任"看守"任务，一只优良的牧羊犬能看护300～500只羊。随着畜牧业集约化进程的不断推进，牧羊犬的功能也发生了很大的转变，如德国牧羊犬、比利时牧羊犬已训练成为护卫犬、警卫犬，而苏格兰牧羊犬、边境牧羊犬则被训练成伴侣犬。

4.救援犬

早在1000年前，救援犬就已用于雪地救援。在300年前，瑞士圣伯纳收容院就饲养有救援犬，专门用于救援在雪地里走失的人，后人称这种犬为圣伯纳犬。纽约市中央公园一座小山顶上，矗立着一只犬的塑像，是为了纪念一只名叫巴尔托（Balto）的救援犬。目前在雪崩及地震后使用的救援犬多是德国牧羊犬，能嗅出被埋在废墟中人的气味，并实施救援；在水灾时担负救援工作的多是纽芬兰犬，能在海面、暴风雨中进行救援工作。

5.导盲犬

早在 1915 年，法国和德国几乎同时成立了导盲犬训练中心，训练导盲犬专门帮助第一次世界大战后视力丧失的士兵。导盲犬的训练要求较高，用作导盲的犬要求视野开阔，听觉良好，头部转动灵活，机警、驯服。各国导盲犬的标志不尽相同，瑞士导盲犬的身上悬挂着显眼的红十字标记，美国导盲犬的脖子上则套着橘黄色的项圈。目前常用作导盲犬的主要有比利时牧羊犬、拉布拉多猎犬、拳师犬、苏格兰牧羊犬等。我国上海训练的第一批导盲犬在 2008 年正式上岗。

6.宠物犬

宠物犬是令人喜爱的动物。宠物犬体形娇小、体态可爱、灵敏聪明、善解人意，如北京犬、玩具贵宾犬、西施犬、腊肠犬等。饲养一只宠物犬，并在日常生活中对其进行一些常见的玩赏科目的训练，会给人们紧张的现代生活、学习、工作带来无穷乐趣。它们会看主人的脸色行事，能做出作揖、打滚、握手、衔拾等动作，逗人开心，解人寂寞，对饲养者尤其是老人和儿童的身心健康十分有益。

三、犬的安定信号

安定信号是犬用于预防冲突、避免威胁、消除紧张、表达善意的动作表示。安定信号可以展示犬与犬之间的沟通技巧，让它们充分交流，表达互不侵犯的善意，从而避免冲突，甚至成为朋友。

动物行为学家通过对犬的行为观察，发现了至少 20 种安定信号。这些信号有的经常发生，有的很少发生，有的表现明显，有的表现微弱，或是发生的时间极为短暂。无论是以何种形式发生，安定信号对犬之间的交流发挥了很重要的作用。

1.撇头

撇头（图 1-1）又称头别开，具体表现是很快地把头撇到一边然后很快再转回，或者撇头后维持一点时间再转回来。这个动作有时出现得很轻微，有时则出现得很明显。

撇头动作通常发生于两只犬相遇时，其中一只犬没有任何表示地快速接近另一只犬，另一只犬感觉不安就会出现这种撇头的动作；有时人与犬接触得太过靠近，犬也会出现这个动作。撇头的动作是告诉对方它很不自在，请对方冷静下来。

两只犬在街头相遇，如果它们有足够的交往经验，它们常会同时撇头看其他方

图 1-1 撇头

向 1s，然后再开心地相互打招呼，这样就会避免一些不必要的冲突。而一些没有经过这方面学习的宠物犬常不懂这种避免冲突的方式，它们常见到同类就会兴奋地冲过去，那么引起对方误会造成冲突就不可避免。

主人对犬溺爱也会引发犬的撇头行为，如主人用胳膊紧紧搂着犬的脖子或头、很多人跟犬挤在一起、用相机对着犬照相等。

大多时候，这个信号将使对方的犬冷静安定下来，这种解决纷争的方式令人叹为观止，所有犬都常使用这些信号，无论幼犬、成犬，或地位高低等。

2. 舔舌

舔舌（图 1-2）是犬在不安、有压力的情境下出现的用舌头舔嘴唇的行为，可能是大部分舌头伸出卷空气，也可能是小部分舌头快速轻弹。这个行为常在犬被其他犬只接近时，或人们在犬的身体上方弯下腰想抓它、紧紧抱着它时。有时面对不理解的事物或主人情绪不佳时也会出现这种动作，比如面对照相机被拍照时。

比起毛色较浅、看得到眼睛及鼻吻长的犬，黑色的犬、脸部毛量多的犬和脸部表情不容易看得清楚的犬特别常用这个信号，但是每只犬都可能出现舔舌，而且所有的犬都理解它的意义，无论它出现的时间有多短暂。

从犬的正面观察较易看得到它迅速舔舌的小动作（图 1-3），最容易观察到这个信号的方式是坐下来安静地观察，当学会观察这个动作之后，带它散步移动时也将能够容易观察到。有时它不过是快速舔一下的动作，几乎看不到舌尖伸出嘴巴，而且用时极短，但是其他犬看得到，它们理解它的意义并尊重它，每个信号都会获得另一个信号的回应。

图 1-2　舔舌（一）

图 1-3　舔舌（二）

3. 柔和的目光（眯眼）或转移目光

柔和的目光（图 1-4）是指先眯起眼，然后以较为柔和的目光注视对方，而不是以威胁方式瞪着对方，通常是犬在被其他犬接近、关注而又不想造成冲突时才这么做。

转移目光（图 1-5）类似于撇头，在两犬相遇或被另一只犬直视时，友好的犬为了避免冲突，常常用转移目光来显示自己和平的意图。

图1-4　柔和的目光　　　　　　　　　　图1-5　转移目光

转移目光这种安定信号也可以被人使用，遇到凶猛的大型猎犬时，我们也可以使用这种方式来表达友好。

4.转身

转身是以背面或侧面对着对方（图1-6），这是一种极具有安定意味的行为。当有的犬在玩耍中表现得极其兴奋时，冷静的犬会暂时中断游戏，开始转身侧向或背对着那些激动的犬，从而使游戏的激烈程度稍微下降。

图1-6　转身

转身这个动作也常会被犬用来制止其他犬的敌视或攻击行为，比如两只犬在街角相遇，一只较为强势的犬可能会直冲过来，这时另一只犬可能会用转身这种行为表达自己不想发生冲突，那么很快对方冲过来的速度就会减慢，态度会变得柔和。

有时，犬也会把转身这种行为当作安定主人的方式，比如主人对犬的行为极度愤怒时，就会大喊大叫，却发现犬不但没被召回，反而在远处停下，背对着主人。犬的这个动作本是用以使主人冷静下来，但却常常会被主人误认为犬对主人的蔑视或不在意，反而引起主人更大的怒火。

转身这种行为可以用来打断犬的不良行为，比如有的犬喜欢扑人，当它扑来时，被扑的人可以马上转身，让犬感觉不到人的关注，犬就会很快把腿放下，站好。

5.邀玩

邀玩是指犬压低前躯，用两前肢的前臂骨触地，屁股高高抬起的动作。犬在出现邀玩动作时往往还轻快地摇动尾巴（图1-7）。邀玩常出现在一只犬想与另一只犬交朋友，但对方有点不确定或紧张时，也常出现在一只犬想邀请另一只犬一起玩耍时。如果犬的邀玩动作保持不动，也不摇动尾巴，那么这个动作则具有安定意味。

邀玩动作是犬常见的行为动作，是犬跟其他犬快速熟悉，建立伙伴关系非常重要的技能。

图1-7 邀玩

6.卧下

卧下（图1-8）也是犬常见的行为。平时犬趴下是为了休息，但当两只犬相遇时出现趴下动作，则具有安定意味，这跟躺下来肚皮朝天表示顺从不同。

卧下这个动作常由优势地位的犬使用，用以表示自己没有恶意，低位的犬不需要紧张，比如两只犬在一条狭窄的路上相遇，胆小的那只远远地就停下，犹豫，这时另一只犬就可能趴下，让对方安心靠近、路过自己。

卧下有时也用于安定激动的犬，比如几只犬玩得兴高采烈、情绪激动，这时一只较为冷静的犬就可能插到它们之间，把它们隔开并出现趴下的动作，当大家的情绪安定下来后再起来一起重新玩耍。

图1-8 卧下

7.定格不动或缓慢移动

当两只犬相遇时，体形较大的或地位高的犬常会主动凑上前去嗅闻，而体形较小的犬则会停下来，采取站姿或坐姿，并保持一动不动，让对方嗅闻全身。如果地位高或体形大的犬只是经过而不去嗅闻，那么另一只犬可能采取缓慢移动的方式。

定格不动（图1-9）或缓慢移动的行

图1-9 定格不动

为对犬具有安定的效果，有胆小的人在路上遇到体形较大的犬时，也往往会停下来或缓慢走路，这时犬靠上来嗅闻一番就满意地离去。如果人们因为害怕快跑或大声喊叫，反而可能激发犬的狩猎本能从而引起犬的攻击行为。对于胆小的犬，我们也可以采取缓慢移动的方式去接近它，使它有安全感地去接受人类的接近。

有时犬为了安定激动的主人也会采取这种方式。据报道，在国外的一次犬类运动比赛中，一只名叫西巴的边境牧羊犬为了让附近不断挥动手臂、大喊大叫的主人安定下来，在赛场上的跑动速度越来越慢，最后竟站立不动，失去了比赛成绩。

8.打哈欠

打哈欠（图1-10）是最为有趣的安定信号，它表达的不是犬很困倦，而是犬很不安。打哈欠的动作常出现于下列情况：有人朝着它弯下腰，发出生气的声音，家中有人破口大骂或争吵，在兽医院，有人直接冲着它面前走近时，当它开心期待处于兴奋状态时（例如快带它出门散步时），当你要求它做一件它不想做的事时，当训练时间过长令它疲累时，当你不要它去做某事而喊"不可以！"时等。

图1-10　打哈欠

打哈欠也是人类容易做出且很有安定效果的动作。当人们遇到有攻击性的犬时，人们可以通过对犬打哈欠来使犬安定下来。

9.绕半圈靠近

对犬来说，相遇时笔直地冲着对方走去是一种不礼貌的行为，常会被对方误认为是挑衅。成年犬通常在遇到犬或人时，会以这只犬或人为圆心，绕半圈或间隔一点距离以弧线经过（图1-11）。

图1-11　绕半圈靠近

当主人牵着犬上街的时候，如果犬对前方经过的事物不安，主人可以从远处就准备走一条弧线经过该事物；如果路径较狭小不易绕路，那么主人可以让犬走在另一侧，通过主人的身体把犬和事物隔开，也有安定的作用。

另外，如果人们路过一只表现害怕、有攻击行为倾向的犬时，如果使用绕半圈的信号，就可以使它安定下来。

10. 嗅闻地面

嗅闻地面是经常使用的信号，一群幼犬中常可观察到这个行为，在以下状况也常见：带犬出去散步有人接近时，环境纷扰时，周遭嘈杂时，某样东西令犬觉得不确定、害怕时（图1-12）。

嗅闻地面的行为可能只是迅速低头嗅地面又抬头的动作，也可能持续贴地嗅闻数分钟。

图1-12　嗅闻地面

当然，犬本来就常嗅闻，目的是获得信息，自己也开心，它们天生就爱用鼻子，嗅闻是它们最爱的活动，然而有时这个行为具有安定的作用，视情况而定，所以必须留意嗅闻发生的时间和情境。

11. 甩动身体

甩动身体常发生在某种互动结束时，需要更换互动主题时或者互动太过激烈需要降温时（图1-13）。两只犬原本在雪地中打闹、摔跤，右侧犬只突然停下来并"甩动身体"就是一种明显的安定信号。

图1-13　甩动身体

12. 分开

犬将身体置于其他犬或人之间（图1-14）也是一种安定信号，常见于其他犬过于靠近，并有可能发生打斗的情况下。这种情况在人类社会也较为常见。

另一种情形是，当两只犬在玩耍过程中表现粗暴时，第三只犬会将身体置于玩耍犬只之间以此分开它们。从我们人类的眼光来看，通常认为第三只出于

图1-14　分开

嫉妒心理破坏其他犬的玩耍活动，而事实上，第三只犬通过这样的行动来吸引玩耍者的注意，试图使过于激烈的玩耍活动平静、减轻它们的压力。

针对第二种情形，经常看到母犬使用该种方式来终止幼犬之间过于粗暴、激烈的玩耍。

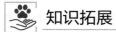 **知识拓展**

动物行为的定义与分类

什么是行为？通常动物行为学中的行为是指动物各种形式的运动，身体的姿态、个体间的通信和能引起其他个体行为发生反应的所有外部可识别的变化，也包括动物的心理活动。如变色龙身体的颜色变化、犬肛门腺的气味释放、犬见到主人进食时想要乞食的心理变化、一只雄性羚羊完全不动地站在山巅向其他个体显示主权的炫耀行为等。但动物的行为并不局限于一种动作或运动形式，变温动物常在阳光下不动，从阳光中吸收热量，这是一种热调节行为。总之，行为是动物在个体及群体层次上对外界环境的变化和内在生理状况的改变所做出的有规律的成系统的适应性反应。行为不一定有利于动物个体的存活，但总是有利于种群的延续。动物要适应多变的环境，以最有利的方式完成采食、筑巢、寻找配偶、繁衍后代等生命活动就必须把来自环境和体内的各种刺激加以整合，把信息转化为各种指令发送到肌肉系统，并以适当的行为表现于外。

动物的行为复杂多样，按行为的获得途径，可以分为先天性行为和后天性行为；按行为的不同表现形式可以分为觅食行为、贮食行为、攻击行为、防御行为、生殖行为、领域行为、通信行为、社会行为等。

一、行为的获得途径分类

1. 先天性行为

动物生来就具有的，不必学习就能做出的有利于个体的适应性行为，由动物体内的遗传物质决定，也称为本能行为，如幼犬出生后就会主动寻找母犬的乳头吸吮乳汁。动物的先天性行为有的属于简单的非条件反射性的本能反应，如眨眼、排便、挠痒、平衡等；有的则属于复杂的有层次序列性的连锁行为，如性本能、母性本能、防御本能、猎取本能等。

2. 后天性行为

后天性行为是指能够使动物的行为对特定的环境条件发生适应性变化的所有过程，即动物借助于个体生活经历和经验使自身的行为发生适应性变化（不包括感觉适应和神经系统的发育）的过程。学习需要借助于感觉器官获得信息，并将这些信息贮存在记忆中，在需要的时候可以重新记忆起。动物常见的学习方式有经典条件反射、操作条件反射、惯化、模仿、玩耍、印记、顿悟等。

（1）经典条件反射　又称巴甫洛夫条件反射，是指一个刺激和另一个带有奖赏或惩罚的无条件刺激多次联结，可使个体学会在单独呈现该刺激时，也能引发类似无条件反应的条件反应。经典条件反射最著名的例子是巴甫洛夫的犬的唾液条件反射

[图 1-15（a）（b）]。巴甫洛夫在研究消化腺分泌消化液的实验时发现正常情况下食物吃到犬的嘴里，犬就开始分泌消化液，但如果随同食物反复给一个中性刺激，即一个并不自动引起唾液分泌的刺激，如铃响、饲养员的脚步声等，犬就会逐渐"学会"在只有铃响、饲养员脚步声响起但没有食物的情况下分泌唾液。

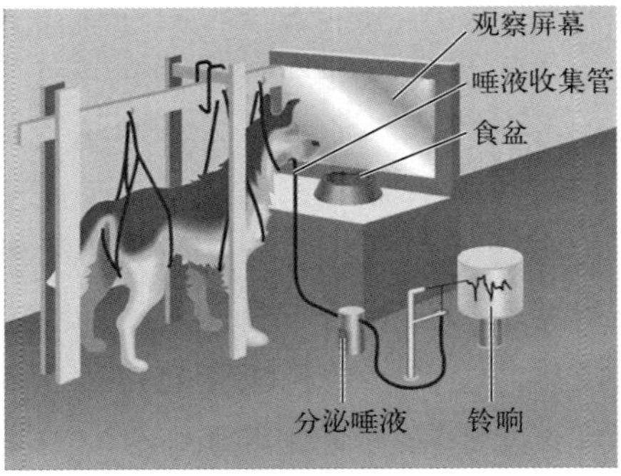

图 1-15　巴甫洛夫条件反射示意图

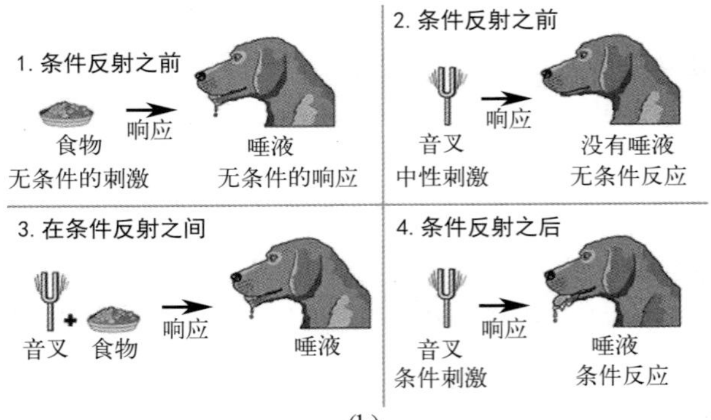

（2）操作条件反射　有时称为工具条件反射或工具学习。第一位研究者是桑代克（1874—1949），他通过"桑代克迷笼"观察猫试图逃出迷笼的行为（图 1-16）。第一次猫花了很长时间才逃出来。有了经验以后，无效的行为逐渐减少而成功的反应逐渐增加，猫成功逃出迷笼所用的时间也越来越少。斯金纳（1904—1990）在桑代克观点的基础上建立了基于强化和惩罚的更详细的操作条件反射理论。斯金纳在"桑代克迷笼"的基础上制造了"斯金纳箱"，早期的斯金纳箱结构简单，在一个木箱内装有一个操作用的按键或压杆，还有一个提供强化的食盒（图 1-17）。动物一触按键或按压压杆，食盒里就会出现一粒食丸，对动物的操作行为给予强化，从而使动物按压压杆的动作反应概率增加。斯金纳认为，这种先由动物做出一种操作反应，然后再受到强化或减弱，从而使操作反应的概率增加或减少的现象是一种操作性的条件反射。

图 1-16　桑代克的迷笼实验

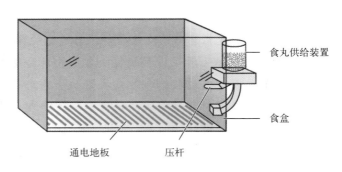

图 1-17　斯金纳箱

（3）惯化　又称习惯化，是一种最简单的学习形式，指动物对频繁出现，而又无生物学意义的刺激逐渐变得无动于衷，直至不再反应的行为现象，如很多宠物犬都害怕鞭炮声，但有计划地让犬不断重复听到鞭炮声，结果犬慢慢发现鞭炮声未对其产生危害，逐渐也就不怕鞭炮声了。

（4）模仿　指动物通过观察其他个体的行为而改进自身的技能和学会新的技能。这种学习类型在社会性动物中出现的频率要比非社会性动物多得多。模仿学习常用于工作犬的训练，通常让一只训练有素的工作犬给新手犬做示范，使新手犬能快速了解训练的目标，掌握训练的技能。

（5）玩耍　玩耍是一种高兴和愉快的活动，不限于幼龄动物，成年动物也需要经常玩耍。玩耍包括很多类型的活动，有跑跳、撒欢、追逐、打斗、弓背跃起、演练、探索、角色扮演等。玩耍可以提高动物的力量、耐力和肌肉协调力，可以演练各种社会技能，可以建立和维持各种社会关系，可以学会特殊的技能或改善整体感知能力。

（6）印记　指发生于生命早期的牢记现象。动物出生后，通过触觉、视觉、听觉和嗅觉等感觉把与自己有关的事或物记住，如一只幼龄宠物常常跟着用奶瓶喂养它的人，即使在断奶后，也常常会走近以前喂养过它的人，并试图留在主人身边。

（7）顿悟　指动物长时间对一个问题迷惑不解，但突然间答案会在动物脑海中闪现的情况。顿悟学习是一种高级形式的学习行为，过程包括了解问题、思考问题、解决问题三个过程。最简单的顿悟是绕路行为，即在食物和动物之间设一道障碍，动物只有先远离食物，绕过障碍后才能吃到食物（图1-18）。

图1-18　动物的绕道取食

二、根据行为的表现分类

1.觅食行为

觅食行为是通过自身独特的方式获取生存所需食物的行为，包括搜寻、追逐、捕捉、处理和摄取几个阶段。动物的觅食行为遵循的一个基本规律是在一定时期内的净能量收入必须大于零，即从食物中获得的能量必须多于为获取食物所消耗的能量。觅食行为能使动物获得食物，从而保证正常的能量消耗。

2.贮食行为

食物丰富时，有些动物会贮存一些食物等饥饿时再取来食用，这样的行为称为贮食行为。很多动物都有贮食行为，如蚂蚁、田鼠、松鸦等。科学家经过观察发现松鸦不仅能记住它们贮藏食物的地点，而且还十分注意当它们在贮藏食物时谁在观察它们。

在发现有其他动物观察时，它们会把食物重新挖出来并进行深埋，以防这些食物被偷食。吃不完的骨头，犬会用前脚挖洞，同时嘴巴紧紧咬着骨头。等到挖的洞足够大，犬只要张开嘴让骨头掉进洞里去就好。然后它会用口鼻将土推回埋藏处。翌日它会回到原处，用前脚把骨头挖出来，张嘴咬住，用力甩一下贮藏物上黏着的泥沙，接着就安坐着大快朵颐。

3. 攻击行为

动物的攻击行为是指同种个体之间所发生的攻击或战斗。这种攻击行为不会造成致命伤害，只要一方认输，胜者则立刻停止攻击。在动物界中，同种动物个体之间常常由于争夺食物、配偶，抢占巢区、领域而发生相互攻击。

4. 防御行为

其是指动物为对付外来侵略、保卫自身的安全和生存或者对本族群中其他个体发出警戒而发生的任何一种能减少来自其他动物伤害的行为。防御行为可以分为初级防御和次级防御，初级防御不管捕食者是否出现均起作用，它可以减少与捕食者相遇的可能性。初级防御有四种类型，包括穴居、隐蔽、警戒色、拟态，如竹节虫拟态；而次级防御只有当捕食者出现之后才起作用，它可增加和捕食者相遇后的逃脱机会。次级防御则有十种类型，包括回缩、逃遁、威吓、假死、转移捕食者的攻击部位、反击、臀斑和尾斑信号、激怒反应、报警信号和迷惑捕食者等。

5. 生殖行为

生殖行为是指动物产生与培育下一代的行为。动物通过生殖行为将其基因传输给下一代，从而完成种族的繁衍和延续。生殖行为的表现形式千差万别，又可分为几个阶段，如识别雌雄动物、占有繁殖空间、求偶、交配、孵卵、哺育等，内容极为丰富。

6. 领域行为

领域是动物排他性地占有并积极保卫的一个区域，这个区域含有占有者所需要的各种资源。动物在这个领域中可以取食、繁殖、抚育后代。占有领域的可以是一个个体、一对配偶、一个家庭，也可以是一个动物群。动物领域的大小各不相同，小的如生活在树叶上的蚜虫，其最大领域就是一片树叶，大的如老虎的领域可达十几平方千米。领域虽然没有明显的界线，但是领域的占有者却熟知它的边界并通常使用抓痕、粪便和尿液的气味、鸣叫等方式来警告周围的动物。

7. 通信行为

通信是指动物个体之间的信息传递并能导致信息共享，来达到行动的一致。通信可涉及动物的任何一种感觉通道，包括视觉、听觉、嗅觉、触觉和电场等。每一种感觉通道都有其优点和缺陷。动物通信行为的主要方式有视觉通信、听觉通信、化学通信、触觉通信、震动通信、电场及电通信等。例如，蜜蜂能够通过精确的"舞蹈"准确地把花源的方位、距离等信息告诉其他个体。

8. 社会行为

动物的社会行为，是指群体中不同成员分工合作，共同维持群体生活的行为。这种合作可以仅表现为暂时的和松散的集群现象，但更典型的是动物组成一个有结构的永久性社群，其中有明确的分工和组织（如阶级和优势序位现象）。许多社群是环绕着婚姻和血缘关系建立起来的。群居性的动物经常协同作战、共同捕猎。

项目1-2　犬的生活习性和社会化训练

一、犬的生活习性

犬在长期的自然进化过程中，在自然和人为选择的双重作用下，逐渐形成了适于本物种生存繁衍的生活习性。犬的生活习性是有规律可循的，是可被认知的。认识犬的生活习性，有助于做好犬的常规饲养管理工作，更重要的是合理地加以运用和引导，纠正一些不良的行为，培养好的习惯，从而达到调教良好生活习性的目的。

1. 共性

（1）**野性**　虽经过几千年的驯养，但犬的野性如性情凶残还有所保留，在某些特殊情况下会表现出来，从而出现犬咬人、伤人等事件，目前大型、超大型烈性犬伤人事件时有发生，已引起越来越多人的重视，各地政府纷纷出台相关政策，限制超大型、烈性犬的饲养。在训练野性较强的犬只时，应选择适宜的训练装备，并控制好犬只，防止犬只伤人。

（2）**排汗习性**　通常犬较耐寒，不很耐热。犬体表无汗腺，只有舌头和脚垫上有少量汗腺，但犬的唾液腺发达，能分泌大量唾液，湿润口腔和饲料，便于吞咽和咀嚼。在炎热的季节，犬常常张嘴伸舌，并超重地喘气，这是犬依靠唾液中水分蒸发散热，借以调节体温的最简捷有效的方法。此外，在犬的四个脚爪的肉垫上也有少量汗腺，炎热天气犬可舔脚垫散热，也可通过肉垫与地面的接触完成排汗。

因犬不易排出积蓄在体内的热量，应尽可能避开夏季的正午时间训练，通常在清晨较凉爽的时间里进行。

（3）**清洁习性**　犬具有保持身体清洁的本能习性，如犬会经常用舌头舔身体，还会用打滚、抖动身体的方式去掉身体的不洁之物。犬的皮肤分泌物有一种难闻的气味，容易吸附在皮肤和毛上。因此，家庭养的犬应经常洗澡，除去犬体上的不洁物、异味等。在每一次训练结束后，应让犬游散片刻，做好犬体的保洁工作。

犬喜欢水，天生会游泳，让犬在清洁的水中游泳，是一种比较好的清洁方式。犬害怕眼睛和耳朵进水，因此在洗澡时要注意保护犬的眼睛和耳朵，防止进水。洗澡时保持适当的温度，以防着凉、生病。在炎热的夏季，可训练犬下河游泳。

（4）**吠叫** 吠叫是犬继承狼的一种行为习性，而狼的这种本能是联系同伴的一种方式。虽然犬联系同伴的能力在与人类共同生活过程中已有所下降，但吠叫却成为犬与人联系的一种方式。在主人不在场或置于一个陌生的环境中，多数犬会叫个不停，其目的就是希望能引起主人关注或来陪伴它。在训练过程中，犬主人可充分利用犬的这一习性，培养与犬的亲和力，也可用来进行犬的吠叫科目训练。

此外，犬的吠叫有许多其他功能，可以表现出犬的一些情感变化，如喜、怒、悲、哀、仇视、警觉等。高兴时，犬的叫声短促、快速，音调高而尖；受到伤害时，犬的叫声变得低而粗，并会稍微延长两次吠叫的间隔时间；当伤害者接近犬时，犬的叫声会变得更快，音调稍高且尖细，上下颌猛咬；当伤害者到犬身边时，犬的叫声会变得更加强烈；当具有咬斗意图时，犬的叫声中会带有嚎叫；当两只犬正要发生咬斗时，开始的叫声会较大，而当叫声变低、牙齿外露时，便会开始咬斗。在多犬同时训练时，应及时洞察犬的情绪变化。

（5）**智商高** 犬的智商较高，反应灵敏，神经系统发达，具有典型的发达的大脑半球，被公认为是世界上最聪明的动物之一，如训练有素的英格兰牧羊犬的智商能达到7～8岁儿童的智商。犬的智商表现在对于特定信息的联系、记忆速度及自我控制与解决问题的能力。犬具有较好的记忆力，主要是依靠其感觉器官的灵敏性，对于曾经和它有过亲密接触的人，犬会较长时间地记住他（她）的气味、容貌、声音等。

犬能对主人发出的言语、动作及表情等产生较强的理性理解力，并能在一定范围内洞察出意图，从而顺利地完成一些简单任务，如看门、追捕猎物等。在犬的调教训练过程中，最大限度地挖掘犬的智商，可训练出一些较有难度且极具观赏性的动作。

2.适应性强，归向性好

犬的适应性强主要体现在两个方面。犬对外界环境的适应能力很强，能承受较热和寒冷的气候，对风、沙、雨、雪都有很强的承受能力，尤其对寒冷的耐受力强，如在 -40～-30℃的冰雪中仍能安然入睡；但如果气候变化太剧烈，忽冷忽热，犬容易患病，尤其是一些娇小的玩赏犬品种。犬的适应性强还体现在犬对饲料的适应性上，犬属于以食肉为主的杂食性动物，所采食的动物性饲料在10%～60%时，犬都能很好地适应。

犬的归向性很好，有惊人的归家本领。中国有句俗语"猫找八百里，犬找一千里"，讲的是猫和犬虽都具有归家本领，但犬却比猫强得多，能从千里之外返回主人的家中。目前还没有比较准确的科学解释能说明犬的归家能力，有人认为这与犬灵敏的感官、较强的记忆力及很强的方向感有关，但无论怎样，犬的归家本领是世人公认的。

据报道，在美国西部俄勒冈州，一对夫妇饲养了一只名叫博比的苏格兰牧羊犬，在一次随主人乘汽车到东部旅行途中，当到达印第安纳州奥尔那特时走失，寻找无着，但半年后，博比却伤痕累累、奇迹般地出现在主人的面前。初步测算，从犬的遗失地到主人家的距离至少有 3300km，这不能不说是个奇迹。

3. 合群性强

犬是结群的动物，喜欢多只犬在一起游戏玩耍，或一起攻击陌生人或其他动物，这就是犬的合群性。犬的合群性比较明显，主要因为犬的祖先狼和其他群居动物一样，必须和平地群居生活，才能适应复杂的大自然环境。群居生活是野生条件下，犬赖以生存的必要条件，但犬的合群性，并不是像其他动物那样简单组合在一起，而是有严格的等级地位，等级地位一旦确立，地位低的犬就得服从首领犬的领导。

成年公犬爱打架，并有合群欺弱的特点，在犬群中可产生主从关系，这种主从关系使得它们能比较和平地成群生活，减少或避免相互为食物、生存空间等竞争所引起的打斗。仔犬在出生后 20d 就会与同窝的其他仔犬游戏，30～50d 后会走出自己的窝结交新伙伴，此时正是更换新主人和分群的最佳时机。当然，在分群时还应考虑犬的身体状况，避免以强欺弱，尽量使发育状况一致的犬在同一群内。

犬的合群性在犬的调教训练过程中被广泛使用。人们利用犬的这一特性，进行群猎或群犬追踪，可以大大提高狩猎和侦破效率。实践证明，在警犬的扑咬、搜捕罪犯、跟踪、缉毒等科目的调教训练过程中，群体工作效率要远比单个调教训练的效果好得多。

4. 忠性强

犬是人类最忠诚的朋友，这是其他动物和家畜所不能比拟的。犬与主人相处一定时间后，会建立起深厚纯真的感情，至死忠贞不渝。犬善解人意，忠心耿耿，当主人遭遇不幸后，犬会表示悲伤，表现为不吃东西或对任何事情都不感兴趣、无精打采。犬决不因主人的一时训斥或武断而背弃逃走，也不因主人家境贫寒而易主，而是与主人同甘共苦。同时，犬对自己的主人有着强烈的保护意识，当主人受到他人的攻击或伤害时，它会拼死相助；当主人处于水中、火中、倒塌的房屋等危险的境地时，犬会奋力营救。许多资料中都有义犬救主的感人报道，如美国有一男子死后，其爱犬不吃不喝，守墓三个月，最终郁郁而死。"子不嫌母丑，犬不嫌主贫"，这是对犬的忠性最直接、最好的褒奖；而猫却与之相反，所以有"犬是忠臣，猫是奸臣"之说。

在一个家庭中，总有一个成员被犬视为首领。犬通常会对与之相处时间最长的人表现出极强的忠心，进而表现出较强的依赖性，同时也会对与之常接触的其他成员顺服，但如家庭中有人对之不敬，常对之进行训斥或体罚，则犬也会对他敬而远之。在犬的调教训练过程中，常出现主人在场时，犬不听他人指挥的情形。因此，在训练时，主人应暂时回避，留给驯导员足够的时间与犬建立感情，培养与犬的亲和力，以保证训练的顺利完成。

5. 嗜眠性强

睡眠是犬恢复体力、保持健康所必不可少的休息方式。野生时期的犬是夜行性动物，白天睡觉，晚上活动。在被人类驯养后，其昼伏夜出的习性已基本消失，现已完全适应了人类的起居生活，改为白天活动，晚上睡觉。

但与人类不同的是，犬不会从晚上一直睡到早晨。犬每天的睡眠时间为14～15h，但不是一段完成，而是分成若干段，每段最短为3～5min，最长为1～2h。只要有机会，犬随时随地都可以睡觉。相对而言，犬比较集中的睡眠时间多是在中午前后和凌晨附近。犬的睡眠时间因年龄的差异而有所不同，通常是老年犬和幼犬的睡眠时间较长，而年轻力壮的犬睡眠时间则较短。

犬在睡觉时始终保持着警觉的状态，总是喜欢把嘴藏在两个前肢的下面，以保护其鼻子的灵敏嗅觉，而且头总是朝向房门、院门的外面，以便随时可以敏锐地察觉到周围情况的变化，一旦有异常便可迅速做出反应。也有人认为，犬处于睡眠状态时，完全停止对气味的反应，犬在睡觉时的警觉反应是依靠灵敏的听觉，而不是嗅觉。

犬的睡眠多是处于浅睡状态，稍有动静即可醒来，但有时也会沉睡。处于沉睡的犬不易被惊醒，有时还会发出梦呓，如轻吠、呻吟，还会伴有四肢的抽动和头、耳轻摇等。浅睡时，犬一般呈伏卧的姿势，头俯于两个前爪之间，经常有一只耳朵贴近地面；熟睡时，犬常呈侧卧姿势，而且全身舒展，睡姿十分酣畅。

犬在睡眠状态时，不易被熟人和主人惊醒，但对陌生的声音仍很敏感。被陌生声音惊醒的犬会有心情不佳的表现，偶尔会对惊醒它的人表示不满，如以吠叫的方式发泄其不满的情绪。有个别的犬在刚被惊醒时，可能会出现猛然间连主人也认不出来的现象。

一般情况下，犬的嗜眠性应给予保持，不应人为地干预。犬睡眠不足时，主要会出现以下情形：一是对训练命令的执行能力明显下降，频繁出错；二是情绪变得时好时坏，不利于注意力的集中；三是出现明显的懒惰行为，如一有机会就卧在地上，不愿站立，常导致动作执行不到位或错误。

6.以肉食为主的杂食性

犬的祖先以捕食小动物为主，偶尔也用块茎类植物充饥。在被人类驯养后，食性发生了变化，变成以肉食为主的杂食动物。虽然单一的素食也可以维持犬的生命，但会严重地影响到犬身体的营养状况，因为犬的消化道结构决定了其仍然保持着以肉食为主这一消化特性。

（1）**采食速度快**　从犬的生理学角度看，犬的臼齿咀嚼面不发达，但是犬的牙齿坚硬，特别是上、下颌各有一对尖锐的犬齿，同时犬的门齿也比较尖锐，易切断、撕咬食物，啃咬骨头时，上、下齿闭合时的咬力通常可达100kg。

当犬采食大块肉时，能很快将肉撕开，经简单咀嚼立刻吞咽下去，体现了肉食动物善于撕咬但不善咀嚼的特点；当犬采食粥样食物时，能用舌卷起，很快喝光；当犬吃干料时，能叼起并很快咽下去。因此，犬吃东西时采食速度快，属于"狼吞虎咽"的吞食方式。

（2）**对动物性饲料的消化能力强**　犬是以食肉为主的杂食性动物，能较好地消化动物性蛋白和脂肪，但如果用全鱼肉型的饲料饲喂犬时，常会导致"全鱼肉综合征"的发生。经过几千年的驯养，犬在人为饲养条件下捕食小动物的机会大大减少，其食物的主要来源靠人类供给。目前，我国通常在犬的日粮中添加 30%～40% 的动物性饲料，以满足犬对动物性饲料的需求。

犬嗅觉灵敏而味觉迟钝，若在食物中加一点肉食或肉汤，可提高食欲，增加采食量。在犬的饲养管理中，应注意动物性蛋白质饲料的添加和饲料气味的调制，这样既增加饲料的适口性又能满足犬的营养需要。

犬喜欢啃咬骨头，啃骨头能使犬腭及口腔肌肉进行运动，促进胃液分泌，锻炼牙齿和咀嚼功能，但不是所有的骨头都对犬有益，一般供应大的股骨、肋骨、肩胛骨、蹄骨（不切碎）、软肋骨，而鸡骨、鱼骨等带刺的骨不可以供给犬食用，以防发生意外。

（3）犬的消化道较短，消化吸收不够彻底　犬的食管壁上有丰富的横纹肌，呕吐中枢发达。当吃进毒物后能引起强烈的呕吐反射，把吞入胃内的毒物排出，是一种比较独特的防御本领。犬胃排空速度很快，比其他草食或杂食动物快许多，5～7h 即可将胃中的食物全部排空。小肠是犬消化吸收营养物质的主要器官，但犬的肠道较短，约 4.5m，是体长的 3～5 倍，而同样是单胃的马和兔的肠道为体长的 12 倍。由于消化道较短，食物在体内的存留时间也较短，为 12～14h。

7. 食粪性

犬具有食粪性，其原因可能有三个：一是源于古代犬类作为中型食肉动物，为避免踪迹被其他动物所发现和跟踪捕食；二是因长期找不到食物而以粪便充饥；三是因患有胃肠疾病或缺乏维生素所致。

犬不仅吃人、猪的粪便，甚至吃同类的粪便。犬的食粪性是一种不正常的行为，应予制止，因粪便中含有多种病原微生物，犬采食后易患有各种各样的疾病，在日常的饲养及训练过程中，应坚决制止。发现粪便要及时清理，努力减少粪源，使犬"无从下口"。此外，也应注意驱虫和补充维生素。

犬爱洁性强，有定点排便的习惯，常常认定第一次排便的地方。因此，除经常给犬梳理被毛、洗澡外，可对犬从小进行定点排便训练，促使其养成良好的卫生习惯。

8. 换毛的季节性

犬季节性换毛主要指春季脱去厚实的冬毛，长出夏毛；秋季脱去夏毛，长出冬毛的过程，此时会有大量的被毛脱落。室内养犬一年四季都有被毛的脱落，尤其是春季和秋季。春季脱毛有利于犬度过炎热的夏季，秋季脱毛以便犬安全越冬。脱落的被毛不但影响犬的美观，而且被犬舔食后在胃肠内形成毛球，影响犬的消化。此外，脱落的被毛常附着在室内的各种物体和人身上，引起主人对犬的反感和不愉快。因此，在春秋两季饲养长毛犬时，应经常给犬梳理被毛。在犬的训练过程中，也应及时清理脱落的被毛，防止被犬误食。

9. 繁殖的季节性

野生条件下，母犬的繁殖具有明显季节性，通常在一年中的春季和秋季发情、配种，公犬的发情无明显规律。随着犬的家畜化进程不断推进及犬生活条件的改善，犬的繁殖季节性已不很明显，仅有极少数品种（如北美的格陵兰犬）仍受季节的影响，主要是由于光照、温度等造成的。少数内分泌正常的母犬出现常年不发情，多数情况下是由于饲料中缺乏某些对繁殖影响极大的营养因子（如蛋白质含量过低、缺维生素 A、缺维生素 E、缺硒等），或因年龄偏大而导致繁殖功能停止。

在日常的饲养管理过程中，应密切关注犬的繁殖情况。在训练期间，发情的犬不宜进行群体科目的训练，以防相互干扰；妊娠后期的母犬不宜进行科目训练，以防流产或形成产后叼仔、咬仔、食仔等恶癖；哺乳期的母犬应减少科目训练，以保证母犬的足够休息时间。

二、犬的社会化训练

过早将幼犬从母犬及同窝的幼犬身边抱走对它的成长和性格有一定的负面作用，原因就在于幼犬可以从母犬及同窝的幼犬身上学习到一些最基本的"社交礼仪"，但是要培养幼犬良好的性格，仅仅依靠它和母犬的互动还是远远不够，当它真正进入人类家庭之后，这个过程依然要继续下去。一只幼犬若要拥有与人亲近、活泼好动、没有明显问题行为等良好的性格，除了其遗传自父母的基因影响之外，还有很重要的一部分来自后天的体验，这个体验的过程被称作"社会化"。

具体来说，社会化的过程就是让犬只在幼年时期（4~20 周）尽可能多地拥有与其他人、动物或环境的良好互动体验，从而使其成年之后对于这样的经历也不会抵触甚至畏惧。社会化开始得越早，进行得越充分，犬长大之后"处变不惊"的性格特征就越明显。这主要是由越来越多的养犬家庭希望自己将来能够有一只听话的宠物犬所决定的。

社会化这个概念其实并非宠物身上专用的词汇，社会学、社会心理学、人类学、政治学和教育学范畴内也有这个说法。人类的社会化指的是人学习、继承各种社会规范、传统、意识形态等周遭的社会文化元素，并逐渐适应于其中的过程。对个人而言，社会化是学习同时扮演社会上不同角色的过程。个人社会化会受到地区文化的影响，因个人的成长背景不同，社会化的过程、内容也会随之改变。

具体到犬身上，犬的社会化其实就是犬学习、了解、熟悉在人类社会中生活时必须遵守的各种规范，并适应这些场景的过程。之所以强调犬社会化的重要性，是因为随着养宠家庭越来越多，宠物与人之间的接触机会也越来越多，所以宠物在社会当中也会有不同的角色。在家庭中，它需要是可爱机灵的伴侣动物；在社区里，它需要是不给邻居造成困扰的动物；在宠物医院或者美容店，它需要是听话的客户；在公共场所，它需要是彬彬有礼的而非是让人感到惊悚的"朋友"。任何一个角色的失败都会让这只犬在社会中生活的质量变差，并间接导致犬主人的困惑，而社会化的过程就是让犬学会扮演这些角色的学习过程，从而避免犬随着年龄、体形、活动范围的变化而变得不受欢迎。

社会化过程中的中心思想是让犬只在幼年时期尽可能多地拥有与其他人、动物或环境的良好互动体验，其中有两个关键的词汇：第一是"尽可能多"，第二是"良好"。好的社会化过程必须二者同时满足。只有这样，社会化才有意义。

对于犬来说，良好的社会化过程开始得越早，其性格从中受益的机会越大。而成年之后，犬的性格、对意外的应对方式、学习能力相对都已经固定，可拓展的空间不大，就很难改变。因此，行为学家强调从幼犬时期就要有意识地给犬更多的生活体验，特别是考虑到越来越多的养犬家庭希望自己将来能够有一只听话的宠物犬，如果你不想自己的犬将来出现胆小、对陌生人恐惧，甚至攻击、爱叫等问题，那就要重视社会化。

现在我们已经知道社会化很关键，但是社会化同样要求不能冒风险。在犬的驱虫和疫苗没有完善之前，贸然接触健康状况不明的动物是危险的。那么这个时候要怎么保证犬的社会化不被耽误呢？

① 在家庭里同样可以给犬做社会化。当家里来客人的时候，可以邀请客人与犬做短暂的接触，确定犬与客人的见面体验是良好的。特别要注意邀请儿童与犬互动。这样的体验要尽可能多，并保证每个人在跟犬接触之前都洗过手。

② 寻找性格良好且身体健康的大犬到家里与幼犬互动，在这个过程中时刻监控两只犬从见面到玩耍的过程，不要用太强势的犬，那样会给幼犬带来不好的体验。

③ 带着犬体验不同的地面或者高度，让犬对吹风机不再排斥，这些前期准备工作是方便犬日后到宠物店接受美容的时候可以更自在。

④ 开始着手让犬做一些准备出门的事情，如适应外出遛犬时的装备，包括项圈和牵引绳。虽然犬此时还不能出门，但是要利用这段时间做好准备。

所有的社会化安排都是为了让犬能够对未来生活中可能接触到的事物产生良好印象，这样它就可以应对一些突如其来的事情，不会在准备出门或者乘坐交通工具的时候惊慌失措，也不会在第一次光顾美容店或者宠物医院的时候十分排斥。

 知识拓展

犬的驯导心理基础

1. 好奇心理

在犬的生活中，无时无刻不被好奇心所驱使，如犬来到一陌生环境时便是如此。犬在好奇心的驱动下，利用其敏锐的嗅觉、听觉、视觉、触觉去认识世界，获得经验。每当犬发现一个新的物体，总是用好奇的眼神专注，表现出明显的视觉好奇性。然后用鼻子嗅闻，舔舐，甚至用前肢翻动，进行认真研究。好奇心促使犬乐于奔跑、游玩。犬的好奇心有助于犬智力的增长，犬的好奇心可以说成是一种探求反射的活动，在好奇心的驱动下，犬表现出模仿行为，求知的欲望。这种心理状态为使用科目的训练提供了极大的方便。犬的牧羊模仿学习是一种很重要的训练手段，其训练基础便是充分

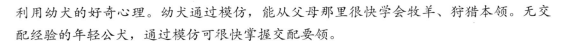

利用幼犬的好奇心理。幼犬通过模仿，能从父母那里很快学会牧羊、狩猎本领。无交配经验的年轻公犬，通过模仿可很快掌握交配要领。

2. 怀旧心理

当一个人远离故土，来到一个陌生的环境时，总有回忆过去、思念亲人的意念，在其心目中总想抽空回去看看亲人，这种留恋故土的心理状态，心理学家称为怀旧依恋心理或回归心理。犬也同样具有这种心理，而且回归欲望比人更为强烈。人们常讲的犬有极强的归家能力，便是犬怀旧依恋心理的最好体现。犬，尤其是成年犬易主后，来到一个新的陌生环境，总有一段时间闷闷不乐，对待新主人冷漠无情，心存戒备，有时甚至恩将仇报，伺机逃跑，奔回故土。犬之所以要回家是因为主人在家，犬要回到主人身边，犬希望维持在主人爱抚照料下的单纯环境。正因为如此，犬才能忍受各种困苦，历尽艰辛，从遥远陌生的土地上独自归来。在归途中，除了必须承受不安与焦虑外，还要面临各种危险，忍受饥饿，即使是死亡也无法阻拦犬对主人的思念之情。犬回归心理的实现与其优秀的方向感是分不开的。1927年夏，一位住在波士顿郊外的名叫希奇的先生，带着四岁的德国牧羊犬"哈佛特"，坐车来到洛杉矶，然而在嘈杂的街道上，"哈佛特"走失了。6个月后，"哈佛特"却狼狈地回到了波士顿，投入主人的怀抱。据推测，这只犬行进了大约8000km的路，横跨了美国大陆。犬的回归欲望强弱与其对主人的感情有很大的关系。一般感情越深，依恋心理越强。我们在引进犬的过程中，应考虑到犬的依恋心理。在引进时，应详细向原犬主问明犬的活动及生活规律。引进后，应花时间与犬建立感情，转移其怀旧的注意力。

在日常生活中，犬依恋于主人。见到主人后，总是迅速跑上前去，在主人的身前、背后跑跳，表现出特殊的亲昵。犬既可从主人那里得到食物、爱抚、安慰、鼓励和保护，也可因为犯有"过错"而受到主人的责罚，但犬相信，主人是永远不会抛弃它的。犬往往极力维护主人的一切利益，尽自己一切可能满足主人的意愿。犬对主人的感情，胜过与同类的感情。这种对主人的依恋心理，是犬忠诚于主人的心理基础，犬可以奋不顾身地保护主人，也可以仗着主人的威势侵犯他人。

3. 等级心理

在所有驯养的动物中，犬是一种最适合和人生活在一起的动物。犬能顺从于主人，听从指挥，建立互相理解、互相爱戴的关系。犬的这种紧密合作的行为是由其等级心理所决定的。在犬的心目中，主人是自己的自然领导，主人的家园是其领土。这种顺应的等级心理沿袭于其家族顺位效应。同窝仔犬在接近断奶期时，便已开始了决定顺位的争夺战。刚开始并没有性别差异，一段时间后，杰出的公犬就会镇压其他犬。其实这种顺位等级心理，仔犬出生时便已存在，比较聪明的仔犬在全盲的时候，就已开始探索乳汁最多的乳头，如果其他犬也来吸，它就会从下面插进去将这头犬推开，抢回这个乳头。

在犬的家庭中，根据性别、年龄、个性、才能、体力等条件决定首领。往往公的、年龄大、个性强、智慧高的为家长。家长的权力是至高无上的，家族中的其他成员只能顺从于它。对仔犬而言，父母犬是自然的家长。当年轻的仔犬发现了某种情况，并不会立即独自跑过去，而只是站起来，以等待指示般的紧张表情回头看家长。如果家长站起来就高兴地跟在后面；如果家长不理它，依旧躺着，那么这头年轻犬心里虽然很想动，也不得不再度坐下来。

此外，我们经常发现，当母犬（家长）从外面回来时，家族中的成员会兴奋地到处跑跳，争相围绕在它的身边，舔它的嘴边、鼻子，使它几乎无法动弹。相反，家长一声怒，成员往往会胆怯畏缩，有的甚至会腹部朝上仰躺，等待家长的责备。这都是犬等级心理及理智直觉的外在表现。同样，在一个犬群中，也存在着顺位等级，这种顺序我们可以在将一群犬叫进犬舍时看出，往往犬群中的领导者领先，然后依照位次，逐一进入。最后进入的犬从不争先，只因为它明白自己处于最低位。有时，这样的犬会同时受到许多犬的攻击。犬的这种理智的等级心理，维护着犬群的安定，避免了无谓的自相残杀，保证了种族的择优传宗，繁衍旺盛。犬在等级心理的支配下，会发生等级争斗行为。人们通过观察争斗行为来了解犬的等级心理，掌握等级顺位，优势序列，选择出优秀的头领犬。在犬的家族中，犬知道自己的顺位，对于自己的地位绝不会搞错。

有研究者提出，犬对人的顺位也很了解，并且大体上与我们所认定的顺位一致，如主人、妻子、小孩、佣人的顺序。在家养犬中，犬对一家人的话并不是都服从，而只是服从自己主人的命令，主人不在时，才服从其他人的命令。这表明了在犬的心目中，主人是最高等级，其他人是次要等级，自己是最低等级。犬在其等级心理的支配下，还会想方设法亲近主人或最高地位者，以获得他们的保护，在首领的影响下提高自己的顺位。正是犬的这种等级心理，犬对主人的命令才会服从，才会忠于其主人。如果犬对主人的等级发生倒位，则常出现犬威吓、攻击主人的现象。

4. 占有心理

犬有很强的占有心理。在这种占有心理的支配下，表现出人们所常见的领域行为。正因为如此，犬才具备了保护公寓、家园，巡逻宅地，保护财产及主人的能力。犬表示占为己有最常用的方法是排尿作气味标记。同时，关养多头犬的犬舍内，犬会依其顺位各占据一定的空间，即使是一块狭小的土地，也一定有其固定的睡觉场所。有些占有欲特别强的犬会任意进入空犬舍，检查一番。在原有足够空间的情形下，纵然看见别的犬来了，也会咆哮，不愿让开。犬有贮藏物品的行为，这也是其占有心理的表现。犬贮藏吃剩食物的方法是用两前肢在地面上挖洞，将衔来的肉埋于其内，再仔细地用鼻尖将土推回去埋好。在其他犬途经此地时，这头犬往往站在贮藏地上面獠牙咆哮，以示自己的所有权。与住所及食物一样，在我们人类眼中看来毫无用处的东西，犬也会加以收集，并表现出强烈的占有观念。犬常将木球、石头、树枝等衔入自己的领地啃咬、玩耍。有的犬还擅长将占为己有的物品贮藏起来，趁主人及其他同伴不在时，偷偷地拿出来玩。这些事实都说明了犬除了对食物外，对于其他嗜好品也都视为私人财产，并有强烈的占有欲。

犬十分重视对自己领域的保护。对自己领域内的各种财产，包括犬主人、主人家园及犬自己使用的东西（如犬床、垫草、食盆等）均有很强的占有欲。正因为如此，养犬看家护院是很有效的。公犬在配种期间，并不喜欢有人接近它和母犬的居住地，似乎怕人们夺走它的爱妻，这表明了公犬对母犬也存在占有心理。犬的占有心理常导致犬与犬之间的领域争斗。此外，也正因为犬对主人有占有心理，才使护卫犬面对敌人能英勇搏斗，保护主人。

5. 嫉妒心理

犬顺从于主人，忠诚于主人，但犬对主人，似乎有一个特别的要求，即希望主人爱它。而当主人在感情的分配上厚此薄彼时，往往会引起犬对受宠者的嫉妒，甚至因此而发生争斗。这种嫉妒是犬心理活动中最为明显的感情表现。这种嫉妒心理的两种外在行为表现是冷淡主人，闷闷不乐及对受宠者施行攻击。

在犬的家族中，因争斗而形成的等级顺位维持着犬的社会秩序。主人宠爱其中某一只犬，这是主人的自由，而对犬群来说，则是一个固定的程序，即只能是地位高的犬被主人宠爱。若地位低的犬被主人宠爱，则其他犬特别是地位比这头犬高的犬，将会做出反应，有时会群起而攻之。这是犬嫉妒心理的表现。在犬的心理中，每只犬都希望能得到主人的爱，并且总是想独占这种爱意。有些心理学家也认为，这是犬将主人作为领土一部分的行为表现。无论如何，犬在自己的主人关心其他犬时，总是表现出不愉快的心情，这种现象在主人新购进犬时表现得较为明显。在新的仔犬进入后，原来的犬总有较长一段时间不高兴，甚至威吓或扑咬这只新来犬。针对犬的这种心理，我们在与犬的接触过程中应注意，在自己的爱犬面前，切勿轻易对其他犬及动物表现明显的关切，免生意外。利用犬的嫉妒心理，训练犬拉雪橇是非常成功的。

6. 复仇心理

犬在大多数人的眼中天真无邪，忠诚可靠，与人友善，但就讨厌犬的人来说，犬则是依仗主人、行凶作恶的。这是从人的眼光中看出的犬的两面性。其实犬的确有其两面性，与人相似，也具有复仇这一心理。犬往往依据其嗅觉、视觉、听觉，将曾恶意对待自己的对象牢记在大脑里，在适当的时候实行复仇计划。犬在复仇时，近乎疯狂，大有置对方于死地之意。在犬与犬的交往中，也同样表现出因复仇心理诱发的复仇行为，并且，犬还会利用对方生病、身体虚弱的机会进行复仇，甚至在对方死亡之后还怒咬几口。安先生所养两条母犬"塔奴"与"迪娜"，曾因顺位之争而反目成仇，后来安先生只好将两犬分开，三年后，"塔奴"因丝虫病死亡，安先生带着"迪娜"去察看，"迪娜"一路警觉四周变化，快到"塔奴"住所时，"迪娜"突然冲进去，嗅嗅躺倒的"塔奴"，随后，猛然咬住它的喉管。这大概是三年前遭受严重攻击的记忆，如今面对已无法动弹的对手突然实施报复之故吧！这样的事例还有很多，某些凶猛强悍的狼犬，对待为它治病打针的兽医总是怀恨在心，伺机报仇。犬的这种心态对扑咬科目的训练是有帮助的，助训员首先成为犬的敌人、复仇的对象，这样可提高训练效果。同时，我们也应注意，要告诫那些不公正对待犬的人，以防因复仇而发生意外。

7. 争功、邀功心理

两头猎犬在一起追捕猎物时，往往你争我夺，互不相让。有时，甚至暂时放下猎物，进行内战，以决高低。两头猎犬都想为主人获取猎物，这是犬争功心理的外在行为。犬争功是为了邀功获得奖赏。当一头猎犬获取猎物，将猎物交给主人时，往往抬头而自信地注视主人，等待主人夸奖或给其食物。这种邀功心理是被人驯化后发展起来的心理活动。人们在训练犬时，往往以奖赏作为训练的一大手段，当犬完成某一规定的动作行为时，总是以口令或食物予以奖励，这种训练形式强化了犬的邀功心理，有时犬是为了获得这份奖赏而去完成某项工作，甚至发生争功行为。犬的这种心理活动提示我们，在日常的训练和使用过程中，应注意培养犬的这种争功心理，在表扬、奖赏上要慷慨大方，满足犬的邀功心理，尤其在犬完成某一动作，表现出色，自信地邀功时，更应及时地给予奖励，强化作业意识，促使犬在日后的工作中，更好地建功立业。

8. 恐惧心理

犬喜欢吃，喜欢玩，喜欢陪伴主人散步，在进行这些行为表现时，犬心情舒畅，充满喜悦。相反，犬也有其恐惧、害怕的心理。犬究竟害怕什么呢？心理学家与行为学家观察发现，犬害怕声音、火、光与死亡。未经训练的犬对雷鸣及烟火具有明显的恐惧感。飞机的隆隆声、枪声、爆炸声，以及其他类似的声音，都是犬害怕的对象。犬在听到剧烈的声响时，首先表现被这突如其来的巨响震惊，接着便逃到它认为安全的地方去，如钻进屋檐下或房间里，缩着脖子钻到狭小的地方伏地贴耳，一副胆战心惊的模样。只有声音停止，它们的心情才得以平静。这种恐惧声音的行为是一种先天的本能，是犬野生状态下残留的心理，但这种本能是可以人为改变的。要克服犬的这种恐惧心理，从仔犬时便应进行音响锻炼，以适应这种刺激。

除声音外，怕光的犬也相当多，这也源于自然现象中的雷声及闪电，犬将这两者联系起来，并不能分清其因果关系。此外，与光一样，大多数犬都讨厌火，但达不到恐惧的程度。在德国有一只四岁的母犬会用脚来踩留有火苗的烟蒂，直到不冒烟为止。以上所述，主要是对于自然现象的本能恐惧，而比这些本能恐惧更为强烈的是生命现象中的死亡。在日常生活中，我们经常见到犬恐惧心理的外在表现，例如，犬怕汽车，怕会动的玩具等。然而，只要从小进行环境锻炼，在其社会化期多接触一些事物就能减少，甚至消除这些恐惧心态。这也说明了犬是一种很聪明可调教的动物。根据犬的这种心理及变化过程，社会化时期幼犬的环境锻炼是至关重要的。

9. 孤独心理

犬生性好动，不甘寂寞。犬与主人相处，以主人为友，依存于主人。犬将人作为自己生活中不可缺少的一部分。犬一旦失去了主人的爱抚，或长时间见不到主人，往往会意志消沉，烦躁不安。在运输犬的途中，若将犬关在一个四周闭合的木箱中，犬会大闹不已，因为犬已感到了和人类朋友的隔绝。这些都充分说明，犬存在着孤独心理。这种孤独抑郁的心理状态对犬来说是一个致命的打击，有时会引起犬的神经质、自残及异常行为的发生。长期关养的牧羊犬便经常因无聊和孤独发生在犬舍内无休止转圈的不良行为。因此，我们在犬的饲养管理、训练使用的过程中，应保证有足够的时间与犬共处，以消除犬的孤独心理，增进人犬感情。

10. 撒谎心理

撒谎并不是人类的专利，犬也会撒谎，并且有时撒谎伪装的手法还很高明。布坦爵克所著《犬的心理》一书中，曾记载了一个很有名的例子，一只犬，有在垃圾堆寻找物品的习性，因此而受到主人的惩罚，因此，在往后的日子里，这只犬如果在垃圾堆，主人突然呼叫它，它绝不会立即走到主人身边，而是先往反方向的草地跑，然后才回到主人身边。这是一种常识性地隐瞒自己错误的行为，也就是表示它不在垃圾堆，而是在草地的欺骗手法。在这个事例中，我们也可以认为，犬是害怕主人惩罚而逃跑，而强烈的服从心理又迫使犬回到了主人身边，但不管怎样，犬存在着撒谎行为，在我们使用犬的过程中应注意识别。

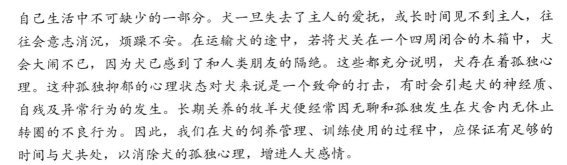

项目1-3　幼犬的环境适应训练

一、训练犬的原理

1. 建立犬的条件反射

训练犬学会各种本领的过程就是形成条件反射的过程。由反射原理可知，无论是引起非条件反射或条件反射，都需要有刺激（非条件刺激或条件刺激）。两种刺激结合使用时，可以使条件反射强化。例如，训练犬做出"握手"的技能，从发出口令到犬做出"握手动作"，这是一种反射，属于条件反射。当把"握手"的声音刺激和手势刺激结合起来使用，就会使犬的大脑皮质不同区域内产生两个兴奋点。在没有形成条件反射时，这两个兴奋点之间没有任何联系，无论你喊多么大的声音和多么用力挥手，犬都不会做出回应。如果同时将两个刺激联合起来，并同时使用若干次后，这两个兴奋点发生联系，以后只要做出"握手"的手势，而不必发出"握手"的口令，犬就会听话地抬起右前足，这就是条件反射的形成。利用犬能形成条件反射的生理特点，可有目的地对犬进行一系列训练。

2.建立条件反射的注意事项

第一，必须将条件刺激与非条件刺激结合使用。例如"衔取"是犬的本能（非条件反射），在训练中，只要配合适当的衔取物和口令（条件刺激），就可按训练科目的要求训练出"衔取"动作来。

第二，条件刺激的实施应稍早于非条件刺激。这样形成条件反射快，而且也巩固，否则条件反射就很难形成。因此训练犬时，给犬的口令、手势等条件刺激必须先于扯牵引绳和按压犬体某个部位等非条件刺激，只有这样才能使犬很快学会所教科目。

第三，要正确掌握刺激的程度。过强或过弱的刺激都不会产生好的作用。一般来说，只有当条件刺激的生理强度弱于非条件刺激的强度时，才能建立起条件反射。

第四，建立良好的条件反射，必须使犬的大脑皮质处于清醒和不受其他刺激所干扰的状态，如犬正处于瞌睡、精神沉郁或过度兴奋状态，条件反射的形成就会很慢，甚至不能形成。

第五，与建立条件反射相关的非条件反射中枢必须处于适当的兴奋状态。非条件反射是建立条件反射的基础。如果非条件反射中枢缺乏足够的兴奋性，要建立条件反射是十分困难的。例如，犬饱食后参加训练，此时犬的食物中枢的兴奋性就很低，如果再用食物作为非条件反射刺激来强化条件刺激，其作用就不大。

3.训练犬应遵循的基本原则

在犬的训练中，必须遵循"循序渐进、由简入繁、因犬制宜、区别对待"的原则。这是人们在长期训练实践中的经验总结。实践证明，只有坚持遵守训练原则，训练才能顺利进行，反之，训练就会受到挫折，甚至失败。

（1）循序渐进、由简入繁　"循序渐进、由简入繁"包含两方面：一是对犬的每一个科目训练都必须循序渐进、由简入繁；二是对犬的每一种能力培养也必须如此。例如，训练犬每做一个动作，必须由简单到复杂，先从单一条件反射做起，然后过渡到一系列条件反射，如犬在做"侧躺"动作时，它包括了"正面卧、躺、坐起、左躺、右躺"等一系列条件反射，形成一个固定的动力定型，以后只要犬听到"躺"的口令，就会完成这一系列动作。

（2）因犬制宜、区别对待　"因犬制宜、区别对待"指对不同类型的犬进行不同科目训练，必须分别采取不同的训练方法。这是因为每只犬的神经类型、性格特点和训练目的不同，因而，在训练中应因犬制宜分别对待，否则达不到最好效果。另外，还可依据犬的某一特点进行针对性训练，如对食物反应较强的犬，可多用食物刺激；对凶猛好斗的犬，应严格要求，加强服从性和依恋性的培养；对胆小的犬，要善于用温和的音调及轻巧的动作接近，并耐心诱导；对探求反应强的犬，应加强环境锻炼，减少环境对犬的干扰等。

4.训练犬常用的刺激方法

在犬只的训练中，常用的刺激按其性质可分为非条件刺激和条件刺激两大类。非条件刺激包括机械刺激和食物刺激；条件刺激主要是指声音刺激（口令）和手势。

（1）**机械刺激**　训练中所使用的机械刺激，除抚拍作为奖励的手段外，按压、扯拉牵引绳、轻打及在必要时使用刺钉脖圈等，均属强制手段。刺激使犬产生痛感，从而迫使犬做出相应的动作和制止犬的某些不良行为。不同强度的机械刺激能引起犬的不同反应。一般来说，弱的刺激引起弱的反应；强的刺激引起强的反应；超强刺激就会使犬产生超强抑制。

（2）**食物刺激**　食物是用来奖励犬的正确动作和诱导犬做出某些动作的一种刺激。在训练中将机械刺激与食物刺激结合起来使用，可以取长补短，达到良好的效果。

（3）**声音刺激**　是由一定语言所组成的声音刺激即"口令"，在训练中作为条件刺激使用。口令本来对犬是无关刺激，只有将一定的口令与相应的非条件刺激结合使用后，才能使犬对口令形成条件反射。

（4）**手势**　是用手的一定姿势和形态来指挥犬的一种条件刺激。在运用手势时，应注意各个手势的独立性和易辨性，并要保持手势的定型与准确性及适当的挥动速度。还要注意，手势要与日常的惯用动作显著地区别开来。

二、犬的新环境适应训练

犬在生活过程中，每天要接触许多不同的陌生环境，环境因素如车、行人、家畜（禽）、声音、灯光、楼梯、小山小树林及公共场所等，这些犬必须都能够适应。否则，犬就无法正常生活，主人也无法进行训练，甚至无法带犬外出散步。

1.训练的方法与步骤

（1）**外界环境的适应训练**　自接触的第一天起，主人就应有意识地让犬适应环境。幼犬的环境锻炼要根据循序渐进、由简入繁的原则来进行。初期可带犬进入相对条件比较简单的环境，如公园、草坪、小树林，带犬到人行道上散步等。随着训练的深入，幼犬已对外界环境有了初步认识，胆量有所增强，加之习惯主人的牵引和抚摸，所以应带犬到更复杂的环境进行锻炼，如带犬在陌生的人群中行走，到公共场所中、夜色中带犬行走等。

（2）**居住环境的适应训练**　犬刚到新的环境以后，常因惧怕而精神高度紧张，任何较大的声响和动作都可能使其受到惊吓，因此要避免大声喧闹，更不能出于好奇而多人围观、引逗。最好将其直接放入犬笼或在室内安排好休息的地方，适应一段时间后再接近它。接近犬最好时机是喂食时，这时可一边将食物送到犬的眼前，一边用温和的口气对待它，用温和的音调呼喊犬的名字，也可温柔地抚摸其背毛。所喂的食物应是犬特别喜欢吃的东西，如肉和骨头等。犬起初可能不吃，这时不必着急强迫它吃，当犬适应以后通常会采食。如果它走出笼或在室内自由走动，表示已经适应了新环境。

犬有这样的一种习惯，即来到新环境以后，第一次睡过觉的地方就被认为最安全，以后每晚睡觉都会来到这个地方来，因此，第一天晚上它睡觉时一定要在犬笼或犬室内指定睡觉的地方，即使成年犬也是这样。数天后，就会固定下来，如果偶尔发现它在其他地方睡觉，就要将其抱回原来地方。犬一般经 3～5d 后就会适应新的环境。

2.训练的注意事项

① 主人带犬进入公共场所后，一旦小犬表现出不适应，主人应采用食物诱导的方法来鼓励犬，不能强迫犬完成。

② 在环境适应期间，主人可穿插进行适应声光训练。当犬在吃食或与主人一起游戏过程中，主人的家人在一旁燃放烟花或者鞭炮。此时，主人应尽量吸引犬的注意力，使声、光变成无关刺激，进而使犬逐渐适应声光刺激。如果犬此时表现惧怕，主人应立即蹲下来靠近犬并抚摸犬，给犬抚慰，消除犬的惧怕反应。

③ 要友善对待犬，不能对它进行机械刺激和打骂。如果犬按照主人的要求做了某些事情，要及时予以奖励，让它知道这是主人所喜欢的事情。

④ 适应新环境阶段，最好由主人亲自饲喂，带犬到新环境行走，慢慢进行呼名训练，从而建立牢固的亲和关系。

幼犬的陌生　　　幼犬的丛林　　　幼犬的环境　　　幼犬的熟悉
环境适应训练　　环境适应训练　　物体训练　　　　环境训练

 知识拓展

训练犬的基本方法

一、奖励训练法

奖励是犬主人或助训员为加速培养和巩固犬的能力，以及对犬服从指挥做出正确动作的正强化手段。奖励通常包括：给犬美味食物、抚拍犬、抛物、游散，以及"好"的口令等。奖励还具有调整及缓和犬神经活动状态的作用。

使犬对新训科目迅速地建立条件反射，以及不断巩固犬已养成能力的条件反射，都需要通过奖励来达到。每当犬能根据口令、手势做出正确动作时，应及时给予奖励。

"好"的口令是条件性奖励刺激，只要多次与食物、抚拍等结合使用，就能形成条件反射而起到奖励的作用。此后，食物的奖励则可减少，但也不能完全停止。否则，会出现消退。"好"的口令可用于所有科目。

食物是非条件性奖励刺激，要以小块美味食物及时奖励犬所做出的正确动作，并要结合"好"的口令使用。在基础科目训练时，可以普遍多用，而使用科目则需区别情况适当掌握，以免产生副作用。抚拍也是非条件性奖励刺激，能使犬得到一种爱抚、舒适的感觉。可以用手抚摸犬的头顶或轻拍犬的前胸或肩胛部，也可轻挠耳根周围，同时要伴以"好"的口令。抚拍适用于各种科目的训练和不同特点的犬。

给犬衔取它所喜欢的物品，对多数犬来说是一种欲望的追求和满足，也可作为奖励，有的犬对此能超过对食物的兴奋性。因此，在犬做好所训科目之后，抛扔一个犬所喜欢的物品让其追衔，能起到奖励的作用和提高犬对所训科目的兴奋性。

令犬游散，即放犬自由活动，可以满足犬的运动或游戏欲望，也是一种有效的奖励。犬在较长时间的训练中，由于行动受到约束，或由于作业负担而感到紧张时，犬非常渴望获得自由。因此，在完成某一训练科目之后，放犬自由活动片刻，犬往往感到特别舒畅兴奋。这样既起到奖励训练的作用，又可使犬的神经活动紧张状态得到缓和，这对继续训练是很有益处的。

奖励的使用能加速犬对科目条件反射的建立，并能使犬兴奋地结束训练，但是过早地使用奖励，容易导致犬所做科目的动作变形。犬在进食后，使用食物奖励训练效果不理想，部分使用科目不宜用食物奖励。

使用奖励要因犬因科目制宜，奖励方式要灵活，不能千篇一律；必须及时而且要掌握时机，犬主人的态度必须和蔼可亲，以便使犬对犬主人的温和表情产生同步反应。在训练中，正确而灵活运用训练方法，适时而熟练地利用刺激要点，是取得良好训练效果的保证。

二、惩罚训练法

惩罚是犬主人或驯训员通过使用威胁音调发出"非"的口令，同时伴以强有力的机械刺激制止犬的不良行为所采用的负强化手段。

惩罚的使用仅限于制止犬的不良行为。不良行为主要是指不利于训练和使用的一些恶习，如随地捡食，接受他人食物，随意扑咬人、畜、家禽等行为。对犬出现的不良行为必须及时禁止，而且要在犬刚有犯禁苗头时使用，以达到防患于未然的目的。通过有效地使用禁止，不仅可以使犬的不良行为得到及时制止，并能逐渐克服。对于犬延迟执行指令或服从性差的表现，只能施行强迫，而不能使用禁止。

犬对"非"口令形成条件反射之后，要不间断地结合机械刺激，以保持强烈而有效的抑制作用，以防消退。制止犬的不良行为必须及时，最有效的时机是在犬出现不良行为之初或发生时，而不是之后。过后制止或斥责不但无用，反而会使犬的神经活动产生紊乱。

要及时结合奖励。当犬停止了不良行为时要及时奖励，以缓和犬的紧张状态，防止犬产生超限抑制。在制止犬不良行为时，犬主人必须严肃，但绝不是乱施打骂或体罚犬，尤其对幼犬更应注意。制止犬的不良行为必须贯彻始终，以加速犬对"非"的口令形成条件反射和彻底纠正不良行为。

三、诱导训练法

诱导是犬主人或助训员使用食物、物品、自身的动作或利用犬的自发行为，并与口令、手势结合使用，诱发犬做出某种动作，借以建立条件反射或增强训练效果的手段。这一手段通常也称为"机会"训练法。

诱导训练要求犬主人创造一种舒适愉快的气氛，对于犬所表现出的符合训练要求的行为都要给以奖食及"好"的口令进行强化。对不符合训练要求的行为，犬主人要迅速地加以纠正，从而形成正确的行为动作。利用此训练方法，训练犬的目的性越明确，气氛越和谐，能力的形成就越快。特别是在训练初期，为了使犬对口令和手势尽快形成条件反射，加快训练的进度，采用诱导训练是非常有效的。例如，利用食物诱导犬做出坐下的动作，在下达"坐"口令的同时，拿一块肉让犬看，不给犬吃，而是将拿肉的手徐徐提高到犬的头顶以上，这时犬就会用眼睛盯着肉块坐下来等待。又如当犬自动吠叫时，因势利导下"叫"的口令和手势等。

一般在训练初期，培养犬对口令和手势建立条件反射时用诱导。幼犬培训时，因为幼犬的体质和神经系统的发育尚不健全，忍受强迫的程度较差，使用诱导尤为适宜。

诱导有利于加快训练进度和犬能力培养，犬做动作兴奋自然，对所训科目不会产生抑制。缺点是用诱导训练的科目不巩固，动作不规范，不能保证犬在任何情况下都能按照要求准确地做出动作。

使用诱导手段时要因犬而定，灵活多样，掌握时机，不能始终不变地使用，防止以诱导取代口令、手势的作用。同时，诱导要与强迫相结合，通过诱导保持犬受训的积极性、兴奋性，结合强迫，能达到动作整形和规范化的要求。两者有机结合，互相取长补短，从而保证训练的顺利进行。

四、强迫训练法

强迫是犬主人或助训员用机械刺激或威胁音调的口令迫使犬准确及时地做出某种动作的手段。

在犬建立条件反射初期，强迫的刺激强度要适中，其目的是迫使犬做出动作，并对口令形成条件反射。例如，犬主人以普通音调发出"来"口令，同时结合拉扯训练的机械刺激迫使犬前来。通过这种强迫的训练，犬就能很快地形成条件反射。当进入复杂阶段训练时，由于外界刺激的引诱，犬往往不能顺利执行口令，常有延误动作的表现。在这种情况下，为使犬顺利执行口令，就必须采用威胁音调的口令。同时，结合强有力的机械刺激，强迫犬做出动作。

训练初期，口令、手势不具备信号作用时，通过相应机械刺激结合口令手势，迫使犬做出某种动作，从而建立口令、手势条件反射。使用机械刺激强度应是中等的。

犬对口令、手势已建立条件反射，由于外界干扰因素影响，犬不能顺利地按照指令做出动作，再利用强的机械刺激强化和威胁音调的口令，形成具有强制性的条件反射，迫使犬顺利地做出动作。

训练中犬的动作拖拉或不规范时，通过机械刺激与口令、手势重复结合，进行动作整形，使犬做出正确的动作。

使用强迫方法训练的科目巩固，犬的动作标准规范，姿势固定。训练中适时强迫还可以强化口令和手势的信号作用。但是，强迫使用过多或不当，易破坏亲和关系，使犬产生超限抑制，影响训练。

使用强迫要及时、适度。所谓及时，就是当犬一出现不执行口令、手势的苗头，就要抓住这一时机立即进行强迫而毫不迁就。所谓适度，就是强度要适当，强迫有效果，采取了强迫方法，就一定要达到目的，同时要防止犬对犬主人产生惧怕的后果。强迫要与奖励相结合，因为威胁音调和强有力的机械刺激，会给犬的神经系统造成紧张状态。有时由于兴奋和抑制过程的急剧冲突，犬会一时性地出现惶感、呆滞等现象，为了缓和犬的神经紧张状态并达到巩固条件反射的目的，在每次强迫犬做出动作以后，都必须给予充分的奖励，而且奖励的强度要大于强迫的强度。否则，会影响犬对犬主人的依恋性，甚至造成犬被动并逃避训练。

使用强迫方法应根据犬的类型特点分别对待。对那些能忍受强刺激的犬，刺激的强度可适当大些；但对那些皮肤敏感，反应阈值低的犬，特别是胆量比较小的犬，刺激强度则应适当小些。

使用强迫方法要因科目制宜。由于所训各个科目性质不同，从而在运用强迫的范围及其要求上应有所区别。一般来说，基础科目可以较多地使用强迫，并且能取得一定效果。但在使用科目训练中，要慎重适度，特别是嗅觉作业，以免产生不良后果。

根据具体情况，灵活使用强迫。如果训练环境比较复杂，影响大，或因距离指挥较远，其刺激量就要相应加强。若因犬患有疾病或疲劳等，影响犬顺利执行指令时，不能使用强迫，应及时给予治疗和适当休息。

项目1-4　幼犬与主人亲和关系的培养训练

犬与人交往是犬天生的习性，但犬的"印记"很重要，这常取决于犬在3~7周龄内与人接触的程度。如果犬出生后2个月内不与人接触，只和母犬或其他的仔犬生活，对人就没有了解，易造成犬的一生与人远离，即便强化调教措施也难完全奏效。如果犬生下来就受到人的抚摸，那么犬必然会逐渐熟悉人的气味，感受到人是它们的朋友，这样的犬日后易于接受训练。

亲和关系，又叫依恋性，它是犬与主人之间始终保持的一种亲密无间的友善关系，要求犬能够对主人始终保持兴奋状态，对主人所有的行为，都能做出相应的反应。主人出现在犬的身边时，犬特别高兴；主人离开犬时，犬恋恋不舍；当主人唤犬的名字时，无论是哪种情况，犬都能够迅速来到主人身边并等候主人下一步的指挥。总之，没有亲和关系，主人就无法训练和指挥犬工作。因此，主人从购犬的那一刻起，就要注重对犬进行亲和关系的培养。

一、训练的方法

训练方法多种多样，但总的要求是尽量增加与犬接触的次数。只有与犬多接触才能密切人犬之间的情感联系。

1.亲自喂犬

主人每天给犬喂食，以满足犬的食物需要，使犬的依恋性不会受他人喂食的诱惑而减弱。

2.带犬散步

犬渴望获得自由活动的机会，利用犬的自由反射可以培养人犬之间的友善关系。在平日的饲养和管理过程中，主人应坚持每天一定次数的带犬散步和运动。除了使犬排大小便，保持犬窝的清洁卫生和使犬增加日光浴的机会之外，更重要的是使犬熟悉主人的气味、声音、行为等特点，从而对主人产生很强的依恋性。

3.一起游戏

犬喜欢与人一起玩耍，这是犬的一种天性。主人可以利用犬的这种天性培养犬对人的依恋性。同犬玩耍的方式多种多样，既可以引犬来回跑动，也可以静止地与犬逗弄，或用奖食逗引犬等，让犬对主人产生强烈的依恋性。玩耍的时候，通常发出"好"的口令鼓励犬，使玩耍有声有色，趣味无穷。

4.呼叫名字

每条犬都有自己的名字，简单易记的名字往往让幼犬能愉快地接受并牢牢记住，犬主人必须尽快让犬习惯于呼名。犬在没有习惯呼名前，犬名对犬来说只是一种无关刺激的信号而已。当犬主人多次用温和音调的语气呼唤幼犬名字时，呼名的声音刺激可以引起犬的"注目"或侧耳反应，这时犬主人应该进行给犬喂食或带它散步等亲密的活动。通过有规律的反复之后，犬主人对犬的呼名就具有一种指令性的信号作用，使犬习惯于呼名。同时犬主人也要注意，不要不分场合和时间总把犬的名字挂在嘴边，这样即便每次召唤都给予奖励也易使犬产生抑制而不听召唤。

5."好"的口令和食物奖励

"好"的口令要求用普通音调或奖励音调发出，同时与美味食物结合使用。通过多次训练后，"好"的口令并不是可以随便使用，通常在犬按犬主人的意图完成某种动作后给予。在调教的过程中，"好"的口令可以鼓励犬去执行犬主人的命令，完成指定的训练动作。如果没有完成，切记不能给予"好"的口令，否则会加深犬对所发的口令不予理睬的毛病。奖励美味食物也是同样的道理。在调教的过程中，要正确地使用食物奖励，不要在发出口令时就给予奖励，这样犬不知为何得到奖励，结果使犬感觉奖食来得容易，最终习以为常，使奖食失去了应有的作用。因此，食物奖励只有在犬正确理解犬主人意图并做出正确动作时使用。

6.抚拍

抚拍就是抚摸和轻微拍打犬的身体部位，尤其是犬的头部、肩部和胸部。抚拍是使犬感觉舒服的一种非物质刺激奖励手段，通常与"好"的口令结合使用。抚拍的力度不宜过大，否则会使犬产生疼痛感，变成机械性刺激。除了让犬站立接受抚拍外，还可以在犬坐着时进行。犬主人也可以用手握住犬的前爪上下摇晃，使犬觉得舒服，并带有一定的玩耍性，这样就能起到完美的抚拍效果。

二、训练的步骤

犬与犬主人建立亲和关系，除了犬先天易于驯服的特性外，主要是通过饲养管理，逐渐消除犬对人的防御反应和探求反应，使犬熟悉犬主人的气味、声音、行为特点并产生兴奋反应而建立起来的。从实践上说，犬对犬主人的依恋性，是因为犬主人及时有效地运用喂食、散放、梳刷、呼名、抚拍、玩耍等手段的结果。后期的训练项目，也能增强犬对犬主人的依恋性。

1.简单环境中进行亲和关系的培养

第一次和幼犬接触时要选择一个安静的环境，身边不宜有太多的人或犬，保证感情交流是一对一，这样才会让犬感觉十分在乎它，从而增强人犬之间的相互依赖感，达到增进交流目的。这样连续2～3d，犬就会很快熟悉犬主人，并初步产生依恋性。这时，可以适当地将犬放开，让其自由活动，但要注意犬的行为表现。同时还要时刻注意周围环境，预见并及时处理可能出现的情况，确保犬的安全。

2.一般环境中进行亲和关系的培养

一般环境是指有人、犬、车辆等外界刺激干扰，是犬比较熟悉的环境。在这种情况下，使犬养成一定的抗干扰能力，从而表现出良好的亲和关系和服从性。在这一阶段主要解决的问题是"前来"问题，常用的方法是将犬放开，让其自由活动，排大小便，然后令犬"前来"。如果犬因其他因素的干扰而不服从命令，犬主人可以采取拍手、蹲下、后退、朝相反的方向急跑、躲藏等方式诱导犬前来，迫使犬服从于犬主人的呼唤。如果犬在有干扰的情况下，听到犬主人的呼唤，能够迅速"前来"的话，说明亲和关系达到了一定层次。必须注意的是，如果犬不能执行，犬主人不能跑上去抓犬，也不能在犬开始靠近犬主人时用突然的动作控制犬，以免犬对犬主人产生恐惧感，不敢接近。

3.复杂环境下进行亲和关系的培养

复杂环境通常指车来人往的大街上、闹市区等地方，在这些地方，犬容易受到外界各种刺激的影响而不服从犬主人的召唤。因此犬主人必须牢牢控制犬，让犬始终在犬主人身边活动和行走。当犬对某种刺激表现恐惧时，应及时缓和其神经活动，如果表现出主动防御而进行攻击时，应当立即加以制止。如此反复训练，使犬能够完全适应外界刺激的干扰。

三、训练的注意事项

1.犬主人应始终保持良好的情绪

这要求犬主人要通过欢快的声音、轻柔的抚拍、正确的奖励方法积极地和幼犬交流，让它感觉到和你在一起是件非常愉快的事情。幼犬到了新环境总喜欢嗅闻，检查房间的每一个角落，甚至钻进衣橱，在这种情况下，不必过多地责备，因为太多的限制反而使它感到沮丧，甚至对你产生敌意。

2.简单的环境

清静的环境使得犬只能把注意力放在犬主人的身上，使犬只对犬主人产生信任和依赖。

3.主人应多与幼犬接触

通过与犬玩耍增加亲和关系，丰富亲和内容，使犬始终保持轻松愉快的心情，从而增强人与犬的依恋关系。在亲和关系培养期间不要进行其他内容的训练和调教。亲和关系培养期一般为5~7d。在这期间，要注意建立唤名反应和"好"的口令的反应。

幼犬与主人
亲和培养训练

幼犬与主人
互动培养训练

 知识拓展

犬的注意

一、注意的定义

注意是心理活动对一定对象的指向和集中，包含指向性和集中性两大特点。注意本身不是一种独立的心理过程，而是感觉、记忆等心理过程的一种共同特性。注意的指向性就是在每一瞬间心理活动有选择地指向一定对象，同时离开其他对象。例如，衔取兴奋的犬会离开正在吃的食物而转向注视主人手中的哑铃。注意的集中性就是对所指向的事物专注和坚持，并对与之干扰的刺激加以排斥。例如，注视哑铃的犬，会对不断晃动的哑铃保持专注很长时间，这时往往对其他干扰不予理睬。

二、注意的功能

1. 选择功能

注意使得犬在某一时刻选择有意义的、符合当前活动需要和任务要求的刺激信息，同时避开或抑制无关刺激。这是注意的首要功能，它确定了心理活动的方向，保证犬的生活和学习能够次序分明、有条不紊地进行。

2. 保持功能

注意可以将选取的刺激信息（影像或内容）在意识中加以保持，以便心理活动对其进行加工，得到清晰、准确的反应。如果选择的注意对象转瞬即逝，心理活动无法展开，也就无法进行正常的学习。

3. 调节监督功能

注意可以提高活动的效率，这体现在它的调节和监督功能。注意集中的情况下，错误减少，准确性和速度提高。另外，注意的分配和转移保证活动的顺利进行，并适应变化多端的环境。

三、注意的分类

根据注意过程中有无预定目的和是否需要意志努力的参与，可以把注意分为无意注意、有意注意和有意后注意。

1. 无意注意

无意注意是指没有预定目的，也不需要意志努力的注意。无意注意一般是在外部刺激物的直接刺激作用下，个体不由自主地给予关注。例如，正在上课的时候，有人呼唤犬的名字，人和犬不自觉地向声音处注视。

另外，无意注意的产生也与主体状态有关。动物在活动时，可能无意间注意到许多事物。无意注意更多地被认为是由外部刺激物引起的一种消极被动的注意，是注意的初级形式。人和动物都存在无意注意。虽然无意注意缺乏目的性，但因为不需要意志努力，所以个体在注意过程中不易产生疲劳。

2. 有意注意

有意注意是指有预定目的，也需要做意志努力的注意。我们工作和学习中的大多数心理活动都需要有意注意。工人上班，学生上课，交警指挥交通，都是有意注意在发挥作用。有意注意是一种积极主动、服从于当前活动任务需要的注意，属于注意的高级形式。它受动物意识的调节和控制，目的性明确，在实现过程中需要持久的意志努力，这容易使个体产生疲劳。

3. 有意后注意

有意后注意是指有预定目的，但不需要意志努力的注意。它是在有意注意的基础上，经过学习、训练或培养个人对事物的直接兴趣达到的。在有意注意阶段，主体从事一项活动需要有意志努力，但随着活动的深入，个体由于兴趣的提高或操作的熟练，不用意志努力就能够在这项活动上保持注意。例如，一个学习外语的人在初学阶段去阅读外文报纸，还是有意注意，很容易感到疲倦；随着学习的深入，外语水平不断提高，当他消除了许多单词和语法障碍，能够毫不费力地阅读外文报刊，可以说达到了有意后注意的状态。

有意后注意是一种更高级的注意。它既有一定的目的性，又因为不需要意志努力，在活动进行中不容易感到疲倦，这对完成长期性和连续性的工作有重要意义，但有意后注意的形成需要付出一定的时间和精力。

四、注意的表现

从发生和保持过程来说，注意是由两个相互联系着的机制——定向机制和信号机制来实现的。当新异刺激出现时，机体便产生一种相应的运动，将感受器朝着新异刺激的方向，以便更好地感知这一刺激，这就是定向反射。定向反射活动一出现，器官有所指向，注意便发生了。例如，犬突然听到助训员调引犬的声音，立即引起警觉，头转向声源方向，耳朵竖起，眼睛开始寻找目标，对声源产生了很强的注意。

从神经过程来说，注意是中枢神经产生优势兴奋中心和相互诱导现象，当注意某对象时，大脑皮质相应区域就产生一个优势兴奋中心，它是大脑皮质对当前刺激进行分析综合的核心。这里具有适度的兴奋性，使旧的暂时神经联系容易恢复，新的暂时神经联系容易形成和分化，因而能充分揭露出注意对象的意义和作用，对客观事物产生清晰完善的反应，这就是注意。根据相互诱导规律，当大脑皮质一定区域产生一个优势兴奋中心时，由于负诱导的作用，在大脑皮质的其他区域或多或少地处于相对抑制状态，使落在抑制区的刺激不能引起应有的兴奋。此种情形下，负诱导越强，注意力就越集中，因此，当注意集中于某一事物时，对于其余事物就会产生"视而不见"和"听而不闻"的现象。优势兴奋中心不是长时间地保持在皮层的某个部位，而是不断地从一个区域转移到另一个区域。

犬在注意时产生各种各样的外部表现，主要有以下三种情况。

（1）适应性运动　在注意听一个声音时，就把耳转向声源，如竖耳倾听；注意看某物时，就会把眼睛盯着该物体。

（2）无关运动的停止　当注意某一事物时，与之无关的其他活动常常表现为静止状态，当犬仔细嗅闻气味时，尾巴的活动减少。

（3）呼吸运动变化　动物在注意时，呼吸常常是轻缓而均匀，有一定的节律；但有时在紧张状态下高度注意时，常会"屏息静气"，甚至牙关紧闭。

五、影响注意品质的因素

在注意品质的主要构成中，与训练犬直接有关的因素主要是注意的稳定性和注意的转移。能影响注意稳定性和注意转移的因素如下。

1. 注意对象的特点

注意对象本身的一些特点影响到注意在它上面维持的时间长短。一般来说，内容丰富的对象比单调的对象更能维持注意的稳定性；活动的对象比静止的对象更能维持注意的稳定性。但并不是说事物越复杂，刺激越丰富，注意力就越稳定。过于复杂、变幻莫测的对象反而容易使犬产生疲劳，导致注意的分散。

2. 主体的精神状态

个体的主观状态也影响注意的稳定性。被训犬的身体健康，情绪良好，精力充沛，就会在训练过程中全力投入，不知疲倦。相反，如果被训犬处于疲劳、疾病状态，或者情绪受挫的情况下，注意无法保持稳定，训练效率也会大大降低。此外，被训个体的积极性、动机越强烈，注意越容易稳定。衔取欲强的犬往往表现出对物体的高度注意力。

3. 主体的意志力水平

注意的稳定性实际上就是保持良好的有意注意，因此也需要有效地抗拒各种干扰。个体具备坚强的意志力，就可以战胜各种困难，克服自身缺点和不足，始终如一地保证活动的进行和活动过程的高效率。

4. 对原活动的注意集中程度

个体对原来活动兴趣越浓厚，注意力越集中，注意的转移就越困难。

5. 新注意对象的吸引力

如果新的活动对象引起个体的兴趣，或能够满足它的心理需要，注意的转移就比较容易实现。

6. 明确的信号提示

在需要注意转移的时候，明确的信号提示可以帮助个体的大脑处于兴奋和唤醒状态，灵活迅速地转换注意对象。文艺演出中报幕员的角色，其实也发挥着这方面的作用。这种提示信号，既可能是物理刺激（如铃声、号角），也可以是他人的言语命令，甚至是自己的内部言语的提醒。

7. 个体的神经类型和自控能力

神经类型灵活性高、自控能力强的动物比不灵活、自控能力弱的动物更容易实现注意的转移。主动而迅速地进行注意的转移，对各种训练工作和学习过程都十分重要。敏捷训练要求在短时间内对各种新刺激做出迅速准确的反应，对注意转移的要求尤其高。

项目 1-5　幼犬的唤名训练

幼犬的调教与训练至关重要的一步就是唤名训练。从仔犬时期就应该经常用全名来唤犬，以不断刺激，坚决不能等犬长大后再给起名字。起名时要注意犬的名字应易分辨，有的犬主给犬起名为"乐乐""贝贝"，还有的给犬起名为"宝宝"等。其实，起名体现了犬主的文化素养和喜好，具体给犬起的什么名字，要依犬主的爱好来定。一般取名常使用犬易分辨和记忆的单音节或双音节清亮词语，越简单越好，不宜太长和拗口。

一、训练的方法与步骤

1. 方法

唤名训练应在小犬游玩或吃食时进行，并将名字作为对小犬的一种奖励。具体训练方法是，主人手拿食物，喊犬的名字，当犬抬头看主人时，主人马上把食物给犬吃。当犬吃食物时，主人不断下"好"的口令，以表扬犬。经过多次训练后，当犬听到这个名字时就立即做出反应，如抬头看主人或跑到主人身边来，此时说明犬已经懂得了主人在呼唤它。

2. 步骤

（1）**取名**　给幼犬取名，可根据犬的毛色、性格及自己的爱好来取名，最好选用容易发音的单音节或双音节词，使幼犬容易记忆和分辨。如果幼犬有两只以上，名字的语音更应清晰明了，以免幼犬混淆。

（2）**选择适宜的环境**　应选择在犬心情舒畅、精神集中的地方，与主人或别人嬉戏玩耍或在向你讨食的过程中进行。训练必须一鼓作气，连续反复进行，直到幼犬对名字有了明显的反应时为止。当幼犬听到主人唤名时，能迅速地转过头来，并高兴地晃动尾巴，等待命令或欢快地来到人的身边，训练就初步成功。

（3）**利用奖励的训练方法**　在幼犬对唤名有反应后，立刻给予适当的奖励（如食物奖励或抚拍）。另外，切忌在唤犬名时对其进行惩罚，使犬误认为唤其名是为惩罚而不敢前来，影响训练效果。

（4）**唤名语气要亲切和友善**　在训练过程中要正确掌握呼唤犬名字的音调，同时表情要和蔼友善，以免造成唤犬名引起害怕。

二、训练的注意事项

1. 犬名不能随意更换

如果不同的家人、不同的场合和不同的阶段对犬名的叫法不一样，就会给犬造成混乱，也不便于犬对名字形成牢固的记忆和条件反射。

2.犬名要有易辨性

在幼犬调教和训练过程中，如果犬名与常规训练科目同音，会造成犬将主人呼唤的名字与要求执行口令相互混淆。同时，由于犬与主人及家人同在一个生活环境中，如果犬名与家人名字有同音字，则容易造成呼唤犬名的混淆。

3.先名字后奖励

犬主在进行唤名训练时，要先喊犬的名字，当犬听到这个名字马上做出反应后，再给犬以奖励，操作顺序不可颠倒。

4.不可惩罚时唤名

决不能在惩罚幼犬时进行唤名训练。

幼犬的唤名
训练

 知识拓展

需求、动机、行为的关系

一、需求

需求最简单的狭义的解释，是指个体生理上的一种匮乏状态，此种状态如达到体内均必须调节的程度，个体本身就会感到需求的存在。在现代心理学上，意义扩大到用以表达心理上的匮乏状态，如友爱、隶属、被尊重的需求等。犬也希望被群体成员接纳或被主人宠爱。

二、动机

动机是促使动物做出外在行为的内在的根本性驱动力量。对于犬来说，常见的动机有饥饿动机、捕猎动机、玩耍动机、权利动机、性动机、母性动机。动物的动机虽然形成于机体内部，但它起源于众多因素的共同融合。这些因素包括各种刺激、机体当时的生理状况、遗传或动物已有经验而来的性状。动机值反映动机水平，它取决于下列关联因素的影响。

（1）内部感受到的刺激　如来自肠道和血液中的渗透压和血糖等的生化指标，能影响饥饿动机。

（2）外部有无特定的关键刺激　如幼仔是引发母性反应的关键，快速移动的物体如慢跑的行人、疾驰的汽车很容易触发犬的捕猎动机。

（3）血液中的激素水平　如性激素决定性行为，雄性公犬遇见发情的母犬，在激素的作用下常表现出近乎疯狂的求偶、交配行为，同时还表现出漠视主人召唤的行为。

（4）生物钟的周期性　生物钟能使动物的某些行为只发生在一定时间或时期，如雌性动物的发情期和孕产期有周期节律。

（5）个体发育成熟阶段的反应状况　同一只动物在不同的发育期，对同一刺激会有不同的反应。如仔犬与母犬的母子关系行为，会随着仔犬的发育和断奶，相互渐趋松弛直至解体，仔犬行为的幼稚特征也将逐渐变化。

（6）既往经历　动物以往的行为经验对动机引发有潜在影响，如寻食经验有强化食物动机的作用，有的犬只曾经遭受过某人或犬的攻击常触发其复仇动机。动物在某一行为过后的时间与该行为动机的再生及强度有关，如吃饱后的动物，在一定时间内一般不会再产生饥饿动机。

（7）中枢神经系统自动产生的兴奋性　中枢神经系统自动产生的兴奋性也能影响自发行为。

动机的强弱直接影响到犬只的行为训练的速度与效果。在实践过程中常需测试犬的食物动机、捕猎动机。可以通过飘动的布条测试犬的捕猎动机，如果幼犬对布条不恐惧并追逐、撕咬布条不肯松口则该幼犬适于训练；还可以用食物测试犬的食物动机，如果幼犬追逐移动的食盆、抢食则此幼犬也适合训练。在实际训练中，还可以通过饥饿的方式强化犬的食物动机，增强食物强化物的作用。

三、行为

行为指动物的一切所作所为。动物个体或群体对内、外环境条件的变化所做出的有规律的、成系统的适应性反应（详见动物行为的定义）。

四、需求、动机、行为之间的关系

需求引起动机，动机支配行为，行为指向目标（图1-19）。当优势动机引发的行为后果达到目标时，紧张的心态就会消除，需要得到满足。一个需要满足了，就又会有新的需要产生。这样周而复始地发展下去，从而推动动物去从事各种各样的活动，达到一个又一个目标。

图1-19　需求、动机、行为的关系

项目1-6　幼犬听从"好"的口令训练

"好"的口令是奖励犬的一种手段。通过"好"的口令训练，犬在听到该口令后能够迅速达到一种兴奋状态，缓和犬的神经紧张过程。口令要简单、明了，使犬容易听清。声调要果断、坚决，但不失亲切。除禁诫用口令外，不可粗声暴喝，以免引起犬的反感。

一、训练的方法与步骤

当犬按主人的意图完成某种动作后，主人马上下"好"的口令表扬犬，同时给犬美味食物。经过多次训练后，主人下"好"的口令，犬就会很高兴，它就知道自己会得到食物吃。

二、训练的注意事项

① 初期训练时，"好"的口令必须与美味食物结合使用才能训练。通过多次训练之后，"好"的口令才能成为一种条件刺激，才能用它来替代美味食物。

幼犬听从"好"的口令训练

② "好"的口令不能滥用，只有当犬按主人的意图完成某种动作后才能下"好"的口令表扬犬。

 知识拓展

训练犬的口令与手势

宠物犬的服从训练最好由家中与犬最为亲密的人来完成。例如，经常给犬梳毛、遛犬、喂食、洗澡的人。由一人专门负责对犬进行训练，以避免不同的人、不同的口令、不同的声调等对犬造成混乱。为了尽快让犬习惯主人的指令，训练的时候决不能随意改变口令和语气。

1. 口令及手势要简单、规范、确定

训练选择的口令和手势一定要简单实用，方便犬记忆，一旦固定后不能随意改变。家庭内各成员必须统一口令和手势的标准，不统一口令和手势会使犬不知所措。另外，啰唆的语言口令对训练犬同样不利，因为犬很难记住烦琐的语言口令，也就无法形成条件反射。

2. 训练犬做新动作时，先口令、后手势结合运用

训练犬做新动作时，发布口令的语气要温柔，使用普通的音调，同时要结合抚摸和固定的手势。当犬出现厌烦心理时，则需要以强硬的口气发布命令呵斥它，但手势动作命令不变。有时也可以用机械刺激，强迫犬执行。如果犬能正确地按照主人的命令行事，则需要用愉快的语气、抚摸等动作或其他方式夸奖它，向它表明主人的满意，以强化刚才发布的强硬命令。在确信犬已经明白了主人的指令，但又不付诸行动，而是在揣测主人动机时，也需要用强硬的语气命令它，迫使它照办（但必须考虑这一要求犬是否能做到），直至犬完成口令要求的动作，学会要求学会的本领。如果主人不坚持要求完成口令动作，将会导致这一口令的条件反射消失，这一点必须特别注意。

3. 第一个口令是为犬取一个固定的名字

首先，对犬而言犬名是终生不变的，否则会给犬造成混乱。其次，呼唤犬名仅限于发号指令和夸奖的时候，给犬形成一个好的印象，而且语气要温柔。最后，发布斥责犬的口令时，切忌戴上犬的名字，否则，下次再呼它的名字时，犬将不理睬。

4. 同一口令，只发布一次

如命令猎犬去执行攻击某个对象时，发布的攻击口令始终是"咬"！但决不许连续地发"咬、咬……"；训练犬坐下的口令是"坐"，也不能反复重复这一语言口令。

5. 在训练时，制止犬行为的口令一律用"非"

发布"非"的阻止性强迫口令时，主人要表情严肃，声音严厉，具有不可违抗的威力，这样才能使犬必须执行。发布"非"的同时，还要配合发布"非"的禁止性手势命令，给犬"非"的视觉信号刺激。必要时，还要用力拉动犬绳，下达禁止性的机械刺激命令。对个别难训练的猛犬，还可以戴上钉尖朝里的皮带脖圈，加强对禁止命令的机械刺激，以便有效地控制它的冲动，强制它服从主人的禁止口令。受训犬服从了主人发布的阻止性命令，每次都要给犬食物、抚摸等常规性奖励，以巩固禁止命令所形成的条件反射。经过几次反复的训练后，受训犬的大脑形成的执行禁止命令的条件反射必然得到巩固。

6. "响片"等其他的音响也是训练犬时使用的声音命令

如在山野密林中呼唤远处的猎犬时，用哨音召唤效果更好，但采用其他音响发布命令的训练应从幼犬时开始，或在学习某项专业本领时开始使用。使用的音响必须始终如一，一种科目使用一种音响或一种节律。

项目 1-7　幼犬的佩戴项圈和牵引绳训练

为了使邻居或路人安心，也为了安全起见，和宠物犬出门散步时都要为宠物犬戴上项圈和牵引绳。戴上项圈和牵引绳有利于主人随时控制犬，纠正犬的不良行为，也有利于培养幼犬的气质。宠物犬很容易就会习惯佩戴项圈，特别是主人为其挑选的项圈又轻又舒适的时候。宠物犬习惯了佩戴项圈之后，就可以继续为其佩戴牵引绳了，主人可以有效利用打疫苗前的时间进行此项训练。

一、训练的方法与步骤

1.方法

选择轻而软的小皮项圈,在喂食或散放之前,轻轻地给犬套上。套上之后,即给小犬喂食或让犬游戏。这样,即使幼犬开始对项圈不适应,可能抓挠,但因为立即有食物吃和玩耍能完全忘却,2~3d后小犬便完全习惯戴项圈了。

当幼犬习惯戴项圈后,开始让犬习惯用牵引绳(链)牵引外出散步和运动。带犬外出前,先把幼犬逗引至跟前,轻轻地拉住项圈把牵引绳扣上,然后逗引幼犬再一同出去散步。如果犬极不服从和主人一起走或有挣扎表现,可用精美食物来逗引犬走,千万不可硬性强迫。

2.步骤

① 把项圈戴在宠物犬的脖子上,让其与脖子之间留有两指左右的距离。

② 宠物犬可能会抓挠项圈,此时,主人要用食物来吸引、分散它的注意力,宠物犬的注意力集中到食物上后就会自然忘记项圈。

③ 渐渐拉长宠物犬佩戴项圈的时间,以使宠物犬可以适应一直戴着它。

④ 接着把牵引绳安放在项圈上,在不被弄坏的前提下可令其随意拖拽。

⑤ 当宠物犬习惯拖着牵引绳时,主人可以拉着牵引绳和宠物犬一起走,如果宠物犬表现出惊恐或厌烦,主人要及时给予口头表扬或食物奖励。

⑥ 接下来,牵着牵引绳,让宠物犬跟着你走,直到宠物犬完全适应项圈和牵引绳为止。

二、训练的注意事项

1.注意牵引绳的使用方法

在刚开始训练幼犬散步时,牵引绳的使用方法正确与否将对训练效果产生重要影响。驯导员在实际接触幼犬前,应跟有经验的驯导员学习使用牵引绳,学会利用牵引绳来控制犬。应选用轻质固定扣环的项圈,因为幼犬发育尚未成熟,颈部肌肉还不强健,颈椎骨比较弱小无力。如果用硬质笨重的项圈,加上纠正不良行为时用力过猛,很可能会伤害幼犬。此外,如用活环的项圈,可能在牵引时颈部勒得太紧,使犬惧怕戴项圈和牵引绳,对训练造成不利影响。

2.牵引绳要自由灵活

牵引绳不宜扯得太紧,应有紧有松,灵活适度,以保证犬运动自由。在系牵引绳时,为消除犬的疑虑,并话语调要柔和。给犬系上牵引绳后,犬可能会尽力挣脱,此时驯导员应跟着犬走,主动适应幼犬。牵引绳要始终保持松弛状态,使项圈没有任何拉力。如果牵引绳缠绕驯导员或犬的四肢，应停下来慢慢解开牵引绳，同时为了不使犬紧张，要轻声地呼唤犬的名字。解开后，幼犬可能不愿意继续行进，此时驯导员应握着牵引绳先走几步，呼唤犬名鼓励犬继续走，必要时可轻轻拉一下牵引绳。当犬开始跟着走时，应充分奖励它，可一边走一边表扬，行进时始终让犬在驯导员的左侧。

幼犬的佩戴项圈
与牵引绳训练

 知识拓展

项圈和牵引绳选择

一、项圈和胸背带的选择

项圈就是可以直接戴在宠物犬脖子上的，而胸背带则是一个"8"字形的，使用时让宠物犬把前肢穿进"8"字的两个圈里，然后在背上连接牵引绳的，有些像双肩背包的工具。直观地讲，胸背带与宠物犬身体接触的面积比较大，受力均匀，所以宠物犬会感觉比较舒服，而项圈只与宠物犬的脖子接触，受力点完全在它的脖子上，使用时会使宠物犬呼吸困难。大部分人要么是根据自己喜好决定要用哪种，要么是觉得宠物犬用哪种更舒服决定用哪种，其实用哪种工具来约束宠物犬也是有学问的。

项圈和胸背带都是约束工具，它们的主要作用是约束宠物犬，在外出时保障宠物犬和他人的安全，所以我们应该从哪种工具更能约束、保障宠物犬的安全作为选择的出发点。通常越是使宠物犬不舒服的约束工具对宠物犬的约束力越强，而人对宠物犬的控制力也就越强。如果宠物犬一出门就想拼命狂奔，而身上的约束工具又没有让它觉得不舒服的话，它一般是不会听从主人的"劝阻"的。个头比较大，不太听话，力气又大的大型犬是应该用项圈的，这样在它们冲向不应该去的地方，或是想摆脱约束跑开的时候，项圈紧紧勒在它的脖子上，让它觉得透不过气来，它就会减缓动作，而人就可更好地控制它。对宠物犬的爱和对孩子的爱一样，要适当，不能溺爱。不要听到宠物犬喘粗气或是看起来很难受，就心生怜惜，改用胸背带，管理宠物犬更大程度上是为了它的安全。但是对于有呼吸系统疾病的宠物犬，不管它听不听话都要用胸背带。另外，项圈和胸背带与宠物犬身体接触的面积不一样，胸背带在使用时会磨损更大面积的皮毛，使毛打结，增加打理的难度。对于一些长毛或是毛发不好打理的宠物犬，最好用项圈，并且扣得要稍微松一些，否则一只本来很漂亮的犬，脖子上的毛又脏又打结，还严重磨损，就算找到专业的美容师也很难挽救了。

二、牵引绳的选择

使用牵引绳的好处有许多，比如可以防止爱犬走失，防止爱犬被车子撞到，防止它扰乱交通秩序等。牵引绳不是项圈，而是一端扣在项圈上，一端被主人牵着的绳子。

它的制作材质通常都是尼龙的，虽然容易弄脏，但也容易清洗。也有用皮革制作的牵引绳，这种牵引绳不宜在气候潮湿的南方使用，使用时也要注意保养。

牵引绳一般都搭配项圈和胸背带使用。用项圈配牵引绳时，把绳别在宠物犬的项圈上。外出时，饲主一用力，宠物犬的脖子就被勒住，它感到不舒服自然会减轻拉扯的力量，需要注意的是这种拉扯有可能对爱犬造成伤害。用胸背带配牵引绳时，牵引绳重点在背上，好处是不会勒到爱犬的脖子，它会舒服一点。另外，牵大型犬出门时最好用短绳，长牵引绳很难控制力气大的大型犬。这里推荐一种前端是弹簧，后端是很粗的尼龙拉把的短牵引绳，这种牵引绳比较能控制宠物犬。

项目 1-8　幼犬的外出训练

此项训练是为了让宠物犬学会在外出散步时适应主人，调整步态，始终走在主人的左侧。开始训练时可能会遇到麻烦，因为主人必须得让宠物犬明白它不能随心所欲，想怎么走就怎么走，想去哪里就去哪里，甚至走在主人的前面或乱冲乱撞。要让宠物犬明白散步的节奏与去向是由主人决定的，要让它习惯跟着主人的脚步走。

开始训练时，可以绕圆周进行。当有一定成果时，可以再改用绕正方形进行。另外，在此项训练中，及时鼓励是十分重要的。

一、训练的方法与步骤

1.方法

第一次出去散步，犬对陌生的环境、气味感兴趣，常因此而忽视主人的存在，表现出到处乱跑、四处嗅闻，甚至拒绝同主人继续散步。

正确的做法是，首先要满足犬喜欢嗅闻的特性，不轻易阻止。放长犬绳（但不能拖在地上）一段时间（3～5min）后，主人应蹲下身来，温和地将犬唤回，并用随身携带的更有趣的物品逗犬。若能回到主人的身边来，主人应该给予鼓励并结束散步，以后每天延长散步的时间。一周后可以延长到10min，6月龄的犬可以延长到15min，9月龄的犬可以到30min，以后继续逐渐延长。当犬能够跟随主人安静漫步时，可除去犬绳，但必须细心观察一周以上，以防意外发生。对待解除犬绳后不听主人口令的犬，切不可大声喊叫，应该耐心等待或加以诱导，待犬回来戴上犬绳后，重新进行强制性的训练，否则会因为大声喊叫而促使犬断然离去。

2.步骤

① 带宠物犬出门散步，如果宠物犬走在了你的前面，就马上转身，向相反方向走。
② 如果宠物犬落后了，你可以轻拉牵引绳，让宠物犬跟上来，并给予食物鼓励。

③ 如果跟上来的宠物犬再次走到了你的前面，要再换个方向继续走，让它不得不再次落后。反复练习，直到宠物犬学会与你同行。

④ 让宠物犬坐在你的左腿旁，给它戴好项圈和牵引绳。右臂放在身体前面，右手紧握牵引绳，叫宠物犬的名字，以吸引它的注意。

⑤ 当你开始走时，发出"跟着"的口令，并用左手拍打自己的左腿，示意宠物犬跟上。如果宠物犬听话地跟着，则要马上给予口头表扬和食物鼓励。

⑥ 当宠物犬在正确的位置与你走了一段之后，你可以停下来休息一下，然后重新练习，直到它可以在牵引绳放松的情况下，时刻走在你的身边。

⑦ 最后，你可以解开项圈和牵引绳，让宠物犬自由玩耍一会。

二、训练的注意事项

1.选择较安静场所

开始散步时，陌生的环境和气味使小犬很感兴趣，犬会完全忘记主人的存在而到处乱跑。选择一个安静的地方训练，可减少犬的好奇心，对外界环境的反应较小。在一个新环境中，犬会习惯地表现出惊异的嗅闻，有时会莫名地欢腾乱跳，有时在原地许久未动拒绝同行。遇到类似现象是正常的，此时应用温和的语调呼唤犬的名字，并用新奇物品逗引犬，如犬来到身边，应充分鼓励。

2.户外训练的时间逐渐延长

第一次散步的时间一般不超过 10min，随后几天逐渐延长训练时间。一般 1 周后散步时间可延长到 20min，6 月龄之前的犬散步时间不超过 30min，6～9 月龄可延长到 1h。

幼犬的外出训练

 知识拓展

幼犬的户外运动

一、幼犬的运动方法

犬的运动因品种、年龄不同而有所差异，对于 2～3 个月的幼犬，可带它到宽阔的地方，任它跑跑跳跳，也可以扔东西让它去捡，游戏就是最好的运动；带它散步的速度以 5min 走 60～70 步为宜，在晚饭后 45min 散步是最佳时间。

对于 4～5 个月的幼犬，散步的距离可拉长一些，走路的速度也要有所增加，一开始慢跑，约 100m 后改为快走，然后再跑步，如此反复，大约 2km 为好。在运动中，手拿幼犬感兴趣的玩具逗引，可提高它的兴奋性。运动量要灵活掌握，看出它显得疲劳的样子，就要休息。尤其是幼犬的骨骼和体力还没有完全发育好，如果运动后显出虚脱的样子，那么这种运动对它的身体就会有副作用。带着体质较弱的幼犬散步最好用牵引绳拉着，可以从手上的绳子感觉它是否疲劳了。

对于 6~8 个月的犬，由于其体力已接近成年犬，可选择早晨或晚饭后带它出去跑步，每次不少于 20min。跑步时根据主人自己的身体情况调节步调，让爱犬跟随你的速度；爬山是幼犬非常喜欢的运动，而且爬山能够锻炼行走和奔跑能力，使爱犬腿部肌肉更加结实有力。

有条件的话还可以带它去游泳，游泳可使爱犬的胸肌壮硕，对它的骨骼、呼吸系统和循环系统等全身各器官发育都有益处。

二、幼犬运动的注意事项

① 夏季带犬运动应选择早晚凉爽时间，防止太阳直射而中暑，运动后应让它多休息并适当饮水，待呼吸正常后再喂食，切不可在运动前喂食。

② 跑步能使爱犬的后肢强健，但长时间在坚硬的地面跑步会伤害它的前肢，可采取快步走和跑步结合的运动方式。

③ 过分柔软的草地、沙地以及布满小石子的地方，不宜带犬运动，会扩大它脚趾的软化范围。

④ 带犬运动要持之以恒，运动时间也要相对固定，不可以前一天让它激烈运动，而第二天没有时间陪它，就让它闲着。

⑤ 对于超小型犬，如吉娃娃、博美犬、约克夏等，在室内自由玩耍即可，为了使它不至于变得内向、胆怯，可经常将它抱到户外，让它习惯外界的声音和事物。

⑥ 相对于跑步和散步而言，接飞盘运动更具有趣味性，在训练爱犬接飞盘时，应注意地面是否平整和周围车辆情况，以免发生扭伤或撞伤。

项目 1-9　幼犬的定点排便训练

培养幼犬定点排便是使幼犬有良好行为习惯的重要手段之一，特别适用于家庭养犬。犬主可以通过对幼犬的训练培养，使其到固定地点排便。幼犬一旦会爬行就离开犬窝排便，幼犬喜欢嗅找从前排便过的地方。如果幼犬住在房间外或能自由进出的犬舍，会自己选择排大小便的时间、地点，此时只要在幼犬常活动的地方放些泥土或乱草，很快幼犬就会选择这一地方作为"厕所"。为了防止幼犬外出时随意排便而污染环境，在这一阶段要加强定时定点排便训练。室内养犬时，一般可在走廊或阳台、浴室的角落，放有旧报纸或硬纸板并铺上一层塑料薄膜作为简易的厕所，也可训练幼犬到移动厕所排便。

一、训练的方法与步骤

1.排便地点应较隐蔽

在犬舍隐蔽处选固定角落，放置一张报纸或塑料布，上面撒些干燥的煤灰或细砂，上面放几粒犬粪，表明过去曾有犬在此大小便。

2.关注犬排便前的举动

排便训练的关键一点就是要掌握犬在排便之前有何特殊的举动。不同的犬会有不同的举动，有的犬大便前会来回转个不停，有的则是忽然蹲下来。幼犬的训练应充分利用犬吃食后想排大小便的机会加以调教，主人立刻将犬抱进已准备好的带有泥土或杂草的盒子里，训练犬"如厕"，幼犬每3h左右一次。发现犬有排便的预兆，如不安、转圈、嗅寻、下蹲等，立即将犬抱进盒子里或人用的厕所里让它排便，经过5～7d，犬一般就会自己主动到自己的厕所或固定地点排便。

3.正确奖励方法

在掌握了犬排便前的举动后，当出现这些征兆时，立即把它带到事先选择好的排便地方，直到排便结束，立即进行奖励，可给以美物或抚摸。当犬在一定的时间内排完便后，应充分地奖励它，然后再在犬熟悉的环境里游戏、玩耍后，让犬回犬床睡觉。如犬仍然随意大小便，或因发现过晚，犬已开始排便，斥责并强行把它带到应去的地方，令其排便，数次重复后，犬就能学会在指定的地点排便。

二、训练的注意事项

1.不能用粗暴的方法惩罚

在犬已排便后训斥是毫无意义的。甚至有人把犬拖到排便物前，按下犬头让它嗅闻，边打边训斥，这种方法是极其错误的，只会给犬造成"被虐待"的坏印象。这种印象一旦形成，会使犬感觉上厕所是件可怕的事，即使再带它到厕所里，它也不会排便，甚至会躲避主人，事后在一些隐蔽地方排便。

2.排便地点应固定

选定的排便地点要固定，这样有利于犬形成条件反射。如果经常更换，会给犬造成可在任何地点排便的假象，定点排便也就失去意义。

3.掌握幼犬生活规律

定点排便训练前应掌握幼犬的生活规律，同时还要注意犬的健康、饮食等方面。犬通常在采食后0.5～1h及睡觉前后0.5～1h排便的可能性较大，应重点关注这两个时间段内幼犬的举动。如犬能在指定地点排便，可进行定时排便训练，定时排便训练必须保证饲喂的定时。幼犬如果患上痢疾，首先要进行治疗，让幼犬恢复健康后，再进行定点排便训练。

4. 排便时要保持安静

看见幼犬遗便要保持安静，不可失声喊叫，否则会使犬受惊，影响犬的排便训练。

 知识拓展

犬的行为

行为是由遗传的成分与后天获得的成分混合和联合作用而形成的。先天的成分包括：简单反射、复合反射和复杂的行为。获得的成分包括：条件反射、学到的反应和一般的习惯。这些不同的成分可以混合产生各种各样的行为。犬与犬之间通过一系列的信号来相互联系，它们的行为是由生理和神经上的需要来决定的，是由来自外界环境中的信息所引起的。

1. 追逐行为

追逐是动物的本性，从犬大部分喜欢发声玩具多过于无声玩具，喜欢动态的玩伴多过于不动的玩具，这一点就能看出来。虽然某些犬种就是用于培训出来打猎的，但是同一犬种，每一只犬的性格也会有很大不同。

犬喜欢的是追逐和制服的过程，而不是要真的把对方杀了吃掉。这要追溯到它们在野外的习性。在野外，它们追杀是为了吃。现在，有人养了，已经不需要满足吃了，但是本性里的某一面却不能压抑，所以就要通过其他方式发泄出来，比如追逐跑动的小孩，追逐鸡鸭，追逐汽车，追逐发声的球。

2. 猎食行为

犬属于食肉性杂食动物，远古时代的犬以捕食小动物为主，如猎捕和杀死小动物。追逐兔、狐、猫、鸡、鸟、羊等，甚至追咬人类。人们可充分利用犬的这种特性，训练犬牧羊，驱赶羊群、牛群，看家护院，保护人类；也可用作一种训练手段来对犬的常见科目进行训练。目前小型纯种犬的捕食行为已大大减退，在家养条件下，基本靠主人来提供食物。

3. 标记行为

公犬通常每天都在其生活的邻近的桩杆上，仔细识别气味标记。这种仔细的检查常常历时 2～3h，检查距离可达方圆数千米。在这种气味检查的过程中，犬与犬之间常常在不同的地点相遇而一起活动嬉耍。这种桩杆气味检查行为有时也因犬追踪其他有兴趣的气味而暂时中断，但通常成年公犬不完成这种气味标记检查是不回家的。

随着神经系统的发育，性激素的分泌，不同性别的犬通常采取不同的排尿姿势：一周龄内的公仔犬不会发生抬腿排尿姿势，而老龄去势公犬却可以出现抬腿排尿的行为。给被去势的公仔犬注射雄激素，在很短的时间，就可诱导出抬腿排尿行为，然而后期去势的公犬却不能使这种排尿行为改变。在母仔犬出生后的最初几天内，开始给其注射雄激素，可能诱发母仔犬表现公犬的排尿姿势。

4. 嫉妒行为

犬听从于主人，忠诚于主人，但也有嫉妒心，无法忍受主人对除自己外的其他犬或动物表示关心和爱抚，否则会表现出不满，甚至愤怒。

对犬群来说，只能是地位高的犬被主人宠爱，如果地位低的犬被主人宠爱，则其他的犬，特别是地位比它高的犬将会做出强烈反应。有时会群起而攻之，这是犬嫉妒心理的表现。当饲喂多条犬时，如果犬主人在感情上厚此薄彼，往往会引起受冷淡者对受宠者的妒忌之心，其具体表现是：受冷淡者同时冷淡主人，消极对待主人的命令，伺机对受宠爱者施行攻击。一只平时较温顺的犬，在发觉主人喜欢其他犬或人时，或多或少都会表现出嫉妒心理。有的表现精神沮丧，不爱动，或注视主人和"新宠"；有的则表现异常攻击行为，不时发出低沉的呼喝声，表示不满，企图赶走"敌人"。有时出于对主人的畏惧，主人在时表现平静，主人一离开就原形毕露，开始攻击行为。对于攻击对象可以是除主人以外的任何人或动物，所以对其他宠物和小孩要有防护措施，可先让他们认识，有助于调节犬的情绪，减少嫉妒心理。

5. 复仇行为

犬在大多数人的眼中天真无邪，忠诚可靠，与人友善，但就讨厌犬的人来说，犬则是一个依仗主人、行凶作恶的恶棍。这是从人的眼光中看出的犬的两面性。其实犬的确有其两面性，与人相似，也具有复仇这一行为。

复仇行为是指犬对曾经给自己造成过创伤或痛苦记忆的对象能牢牢记住并伺机进行报复的行为。犬对复仇对象的记忆是通过嗅觉、视觉和听觉等综合记忆，在时机成熟实施报复时，有明显的置对方于死地而后快之意。

在犬与犬的交往中，也同样表现出因复仇心理诱发的复仇行为，并且犬还会利用对方生病、身体虚弱的机会进行复仇，甚至在对方死亡之后还会怒咬几口。

6. 护食行为

保护食物对犬来说是自然的动物行为，对幼犬而言更是天性，在犬群中有些地位阶级较高的成犬会准许幼犬（2～4个月）保护自己的骨头，2～4个月大的幼犬也很少受到严厉的处分。犬护食是天性使然，这种情况下，在犬吃饭的时候，如果你伸手去拿它的食物，犬会低吼、龇牙，甚至可能咬伤主人。

如果在幼犬时期不及时纠正这种行为，犬长大后会发展成为护玩具、护领地等，最终导致攻击人类，是很危险的。很多人主张用"打"来改掉犬护食的习惯，其实并不得当。因为犬护食是一种本能，是与生俱来的。在它护食的时候打它，会适得其反，只会更激起它保护食物的欲望。

在野外，动物为了争夺一点食物不惜付出生命的代价。食物对犬来讲非常重要，

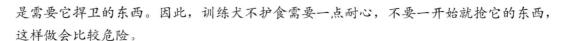

是需要它捍卫的东西。因此，训练犬不护食需要一点耐心，不要一开始就抢它的东西，这样做会比较危险。

7. 性行为

与其他动物一样，犬也有繁殖及传宗接代的本能，但母犬只有在特定时期才交配，通常是一年两次；而成年公犬在一年中任何时候都可能会交配，如果允许的话，公犬会走得很远去寻找一只正处于发情期的母犬。

公犬在母犬愿意接受配种前很长时间内为吸引母犬，常表现出对母犬的友好动作，但此时母犬往往拒绝求爱，甚至显得很凶恶。只有在发情期流血即将停止时，母犬的行为才发生改变，此时的母犬变得轻佻，爱调情。公、母犬见面后相互嗅闻对方的外阴，然后相互追逐挑逗。母犬将尾巴举向一侧，露出阴门，使前庭呈平直状态。对于不甚主动的公犬，母犬会做出公犬交配时的动作。

8. 修饰行为

犬的修饰行为指犬在休息时会花许多时间整理和保养其体表的行为，与犬的虚荣心和好胜心都较强有一定的关系。当它完成一项任务或表演一小技巧成功，主人拍手赞美它或抚摸它时，犬表现出摇头摆尾，心满意足，得意扬扬；当它做错事或未完成主人嘱咐的任务时，它会感到羞愧，表现为尾巴下垂，全身退缩而蹲下，躲在一侧整理自己的体表，如用舌头舔自己的四肢被毛等。

犬爱清洁，春、冬季喜欢晒太阳，夏季爱洗澡。犬在休息时常常会用很多时间去整理和保养其体表，以清除体表的皮屑、污垢及其他刺激，如用舌头舔被毛、阴部或伤口，用牙啃咬皮肤，用肢爪搔痒等。对于犬的这些行为，一般不予制止，但对于长毛犬而言，在换毛季节要多替它梳刷，防止脱落的毛发被吃进胃中引起毛球病。

9. 结群行为

犬的结群行为是指由于犬的结群倾向而引起的行为，在求偶、取食、仿从、游戏等因素作用下促使犬形成一定的社会性群体。

从大约进化过程来看，由于犬类是中型动物，为了保护自己免遭不幸，它们必须靠群体合作才能捕杀比它们大得多的动物，尤其是在冬季猎物较少时，经常集结成群进行狩猎，形成一股连猛兽都逃避的巨大力量。因此，很早之前，犬的祖先都是成群结队地生活，犬通过一定的声音、视觉等信号相互联系，不仅能聚集，而且可以有共同的行动。犬群中的头领（领袖），一旦得到承认，其他犬对其绝对服从，在群体中有优胜序列，主从关系明确，群内等级稳定。对于宠物犬而言，经过一段时间的相处，它会认同主人为其生活的领袖。犬的结群行为在军犬的集体科目（如搜索科目）或牧羊犬的牧畜训练过程中可较好地运用，能起到明显效果，在犬的吠叫科目中也可适当加以运用。

10. 优胜序列行为

犬的优胜序列行为是指犬群中某一成员较其他成员在群体行为中表现出更为优先

的地位。这种行为是通过群内争斗建立起来的，失败的一方会随时对胜利者避让和屈服，从而维持犬群的稳定。

犬原本是群居动物，敬畏领袖，努力保护同伴。在犬群中，总是有一只犬处于首领的位置，支配和管辖着犬群。作为首领犬，通常有以下几种特定的动作：只允许自己而不允许对方检查其他犬的生殖器；不准对方向另一只犬排过尿的地方排尿；只允许对方在自己面前摇头、摆尾、顽皮、坐下或躺着，只有其离开时对方才可站立。等级优势的确立消除了犬群的敌对状态，增强了犬群的和睦、稳定、防御、战斗等能力，减少因食物、生存空间等争夺而引起的恶斗。

项目 1-10 幼犬的安静休息训练

宠物犬对人的依恋性很强，与人在一起时会安心地卧在脚旁或室内某一角落。当犬主人休息或外出时，它会发出呜咽或嗷叫，尤其是小型的伴侣犬、玩赏犬，从而影响主人休息或周围的安宁。

一、训练的方法与步骤

1.选择犬窝

首先要为幼犬准备一个温暖舒适的犬窝，里面垫一条旧毯子。先与犬游戏，待犬疲劳后，发出"休息"的口令，命令犬进入犬窝休息。如果犬不进去，可将犬强制抱进令其休息。休息时间可以由最初的 3~5min 慢慢延长到 10~20min，直至数小时。

2.放置一些玩具

把小闹钟或小半导体收音机放在犬不能看到的地方（如犬窝垫子下面），当主人准备休息或外出时，令犬进去休息。因为有小闹钟和收音机的广播声（音量应很小）可使犬不觉得寂寞，从而避免犬乱跑、乱叫。经过数次训练之后，犬就形成安静休息的条件反射。

二、训练的注意事项

在安静休息的培训与调教过程中，除了主人或驯导员以外，其他人员在对幼犬的教育训练上应保持同样的认识，采用统一的口径。对幼犬做出的某一件事，如果有人态度暧昧，有人训斥责备，幼犬就会很迷惑，不能分清是对是错、该不该做。当幼犬发出呜咽或嗷叫时，应立即斥责批评；当幼犬按照指令安静休息时，则要表扬。在训练中最重要的是必须坚持不懈。

幼犬的安静
休息训练

幼犬的适应
笼子训练

 项目总结与思考

1. 什么是安定信号？列出安定信号的种类，并说出其表达意义。

2. 犬社会化训练的方法是什么？

3. 如何进行幼犬的环境适应训练？

4. 犬与主人的亲和关系培养如何进行？

5. 如何进行幼犬的唤名训练？

6. 幼犬听从"好"的口令训练的注意事项是什么？

7. 如何进行幼犬的佩戴项圈和牵引绳训练？

8. 幼犬的外出训练注意事项有哪些？

9. 叙述幼犬的定点排便训练操作流程。

10. 幼犬的安静休息训练应如何进行？

项目 2

宠物犬的基础服从训练

 技能目标

　　熟悉犬坐下、卧下、站立、前来、随行、吠叫、安静、躺下、前进、后退等基础训练的操作方法、步骤和注意事项；能熟练进行犬坐下、卧下、站立、前来、随行、吠叫、安静、躺下、前进、后退等基础项目的训练。

项目 2-1　犬的坐下训练

　　坐的科目是培养犬其他能力的基础，也是基础科目的重要组成部分。它分为正面坐和侧面坐两种形式。要求犬能根据驯导员的指挥，迅速而准确地做出"坐"的动作。姿势端正，动作迅速、自然。坐的标准姿势为前肢垂直，后肢弯曲，跗关节以下着地，尾巴自然平伸于地。

一、口令和手势

1.口令

"坐"。

2.手势

　　（1）**正面坐**　驯导员右大臂向外伸，与地面平行，小臂与地面垂直，掌心向前，呈"L"形（图1-20）。

　　（2）**左侧坐**　驯导员左手轻拍左腹部。

图1-20　坐

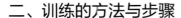

二、训练的方法与步骤

一般先左侧坐开始训练，因为便于控制，待犬对口令、手势形成初步条件反射后，再训练正面坐，这样可以避免因正面强迫不当而使犬对训练产生被动。具体训练方法如下。

1.机械刺激法

置犬于驯导员左侧，下达"坐"的口令，同时右手持犬项圈上提，左手按压犬的腰角，当犬被迫做出坐下的动作时，应立即给予奖励。

2.食物或衔取物品诱导法

利用犬的食物反射或猎取反射进行诱导。诱导时，应首先让犬注意到食物或物品。如果犬对物品注意力不够，手持食物或衔取物品沿犬的头部正上方慢慢上提，同时不断下达"坐"的口令。犬为了获得食物或物品必然抬头，后肢不能承受全身体重，因而坐下。当犬坐下后，立即用"好"的口令和食物进行奖励。训练正面坐时把犬拴好，用同样的方法即可。

3.正面坐的训练方法

当犬对"坐"的口令、手势形成初步条件反射后，再训练正面坐。一般的方法是用牵引绳控制住犬，然后再下达"坐"的口令，同时做出手势。当犬不能完成时，手持牵引绳上提犬的颈部，迫使犬坐下。当犬坐下时给予奖励，反复训练至犬对正面坐的口令、手势形成条件反射，然后逐步延长距离至50m外能听令即坐为止。

在日常的管理过程当中，还可以利用各种机会进行训练，如犬有坐的表现时，乘机发出"坐"的口令和手势，犬坐下后，立即给予奖励。

三、常见问题及解决办法

1.犬坐下后即躺卧

因为未经训练的犬安静时一般取立姿或卧姿，所以刚开始训练坐时，有些犬会不自觉地卧下。碰到这种情况时要毫不犹豫地将犬拎起来，重新训练坐，坐下后再给予奖励。如因坐与卧下形成不良联系所致，应将两个科目分开训练。

2.犬坐姿歪斜

刚开始训练时有些犬会出现臀部偏向一侧，后肢外展等歪斜的情况。可利用地形或用手敲击歪斜一侧等机械刺激手段进行纠正。

四、训练的注意事项

① 初期训练"坐"科目时，最好选择在早、晚比较清静的环境里进行。这样便于

犬集中注意力，更快地形成条件反射。

②　刚开始训练时如犬出现臀部偏向一侧等不正确坐姿时，不要急于进行纠正，待犬有一定基础后再行纠正。否则，犬将因常常受到强迫而害怕训练，进而逃避训练。

③　在进行远距离指挥时，必须将犬置于可控范围之内。如犬逃避训练，驯导员应耐心引导犬回到自己面前，决不能强迫或追回后给予机械刺激。

④　当犬自动解除延缓训练时要及时纠正，最好是在犬欲动而未完全破坏时纠正。此时刺激量应适当强些。

犬的坐下训练

⑤　如要结束延缓训练，驯导员每次都要回到犬跟前进行奖励，不能唤犬前来奖励。否则，将导致不良联系的产生。

 知识拓展

犬与训练人员依恋关系的建立

一、训练人员

1. 驯导员

驯导员是指对犬进行饲养管理、训练引导、指挥和使用的专门人员。驯导员既是犬的管理者、训练者，也是指挥者，因此驯导员是犬训练和使用的主导者，其对犬所采取的一切影响手段正确与否，都直接关系到训练的效果。

驯导员是受训犬的主要刺激者，犬的一切行为活动都是由刺激所引起的神经系统的反射活动。因此，驯导员要采取各种刺激手段去影响犬的神经系统，使犬养成所需要的各种能力。同时，受训犬生存所必需的食物、自由活动、居住环境、喜好、心理需求的满足等都是驯导员通过饲养管理方式给予的。这就说明，犬的行为在很大程度上是受驯导员支配控制的，驯导员是犬的一切环境中最主要的刺激者。

驯导员又是犬的复杂综合刺激者。因为在驯导员与犬接触中，对犬产生的影响不单是驯导员的某一部分刺激，而是多方面的，包括他的体形外貌（面部表情、身材、服装式样和颜色的明暗度）、行为举止、声音特点、个人气味等刺激的多种综合。当犬与驯导员接触时，不仅在视觉上看到了驯导员的形象，同时在听觉上感受到了驯导员的声音，在嗅觉上嗅到了驯导员的气味。犬一旦认识了自己的驯导员之后，它又可以单凭驯导员某一方面的刺激予以反应。例如，只嗅到气味，或只听到声音，或只看到行动，就能立即识别驯导员。这说明犬对综合体，也可以单独形成条件反射。在训练中培养犬建立各种条件反射，就是基于这样的原理。这种综合刺激同时影响犬的视觉、听觉、嗅觉等多个感觉器官。因此，要求驯导员在每个具体的细节训练中都要给犬以明确的信息，从而使犬对具体信号刺激形成稳定的联系，以便犬能在短时间内建立有效的条件反射。总之，驯导员不仅是受训犬的主要刺激者，而且是受训犬的综合复杂刺激者。

2. 助训员

助训员是指在犬的训练中协助驯导员完成训练任务，达到训练目的的专门人员。助训员在训练中与驯导员同是直接参与者，分别扮演着不同角色，对训练的成败有共同的责任。

助训员的体形特征、面部表情、语言，尤其运动性的体态变化，对犬构成多成分的刺激整体，也就是综合复杂刺激物，借助不同的技术手段和训练方法，协助驯导员对犬进行多方面、多方位的影响，加快犬各种条件反射的形成。助训员既能给犬以兴奋性的影响，如追踪、扑咬训练中，助训员扮演假设敌，充当各种引诱角色，并作为所求对象结合扑咬，增强犬对训练的兴趣，提高犬完成科目的积极性和兴奋性；也能给犬抑制性的影响，如在服从科目训练时，尤其是延缓或远距离指挥时，犬不听指挥，驯导员鞭长莫及，只有靠助训员站在犬旁，有效地控制犬，并及时地给予犬适当的机械刺激。在拒食训练时，助训员既要拿美味食物引诱犬，还要在犬欲吃时加以制止。助训员还可以消除犬在训练中产生的心理障碍，如训练中由于驯导员对犬施加刺激后，强化不充分等而形成的矛盾、恐惧、厌主心理。同时，助训员还能弥补训练信息的流失。

犬的训练是一个舞台，驯导员、助训员和受训犬分别扮演着 3 个不同的角色。训练中要求助训员从始至终扮演黑脸角色，主要是扮演假设敌及给予犬不同强度的机械刺激，如扑咬、追踪、搜索、警戒、巡逻等，如果没有助训员参加，就不可能顺利进行。同时，助训员只有采取正确的助训方法，遵循服务训练、主动配合、假戏真做、机动灵活的助训原则，才能做好助训工作，使训练顺利进行。驯导员和助训员在训练中要正确地贯彻训练原则，密切配合，互相合作，做到训前有准备，训练有计划，训后有研究，以提高训练质量。

二、依恋关系的建立

为了使犬驯服于驯导员，使训练工作顺利进行，驯导员从接犬的第一天起，就必须注意培养犬对自己的依恋性（或亲和关系）。如果犬对驯导员的依恋性很差，甚至没有依恋性，那将直接影响训练的成绩、效果和质量，甚至造成训练中断。

犬类对驯导员的依恋性，除了其先天易于驯服的特性外，主要是驯导员通过饲养管理逐渐消除犬对自己的防御反应和探求反应，使犬熟悉自己的气味、声音、行动特点，并产生兴奋反应而建立起来的。因此，在培养犬的依恋性过程中，驯导员应亲自喂犬、散放犬、给犬洗澡，谢绝别人（特别是原主人）在正常情况下接近犬；在好的环境里应适当增加散放犬的次数，经常用温和的音调呼唤犬名，给犬美食奖励、抚拍、逗引、戏耍等。驯导员在与犬接触的时候，声音要温和，态度要灵活，举动要正常，避免粗暴的恐吓、突然的动作，以及能引起犬主动或被动防御反应的刺激。当犬对驯导员表示亲切的兴奋反应（即驯导员的出现或招呼已成为犬获得食物和自由活动的信号反应）时，听到驯导员的声音能不停挣拉牵引绳，可以认定犬对驯导员的依恋性已基本建立。

　　驯导员培养犬对自己的依恋性，要根据犬的年龄和行为特点加以区别对待。如果驯导员接管的是幼犬，可按幼犬的训练方法进行培养；对成年犬的培训则要通过对原主人的访问或根据自己的观察，掌握该犬的特性；对主动防御反应占优势的可能会咬人的犬，驯导员要胆大心细，沉着应付，接管后不必急于散放接触，可先通过多次喂美食、呼犬名，使犬逐渐熟悉新主人，喂食和呼名时，原主人必须回避。在接管这种犬时，也可以采取从原主人的手中秘密将犬牵引过来往前走的方法，即当原主人牵犬行走时，新主人从后边跟上来与原主人并排走一段路后，在犬不知不觉中接过牵引绳将犬带走。新主人要耐心对待犬，与犬多接触，接触时声音要温和，动作要和缓，通过食物诱导及抚拍、挠痒等方法，使犬消除被动防御反应。对食物反应强的犬，多用食物引诱，可取得犬对驯导员的接近，建立良好的亲和关系。

项目 2-2　犬的卧下训练

　　本科目训练目的，是使犬养成根据指挥迅速正确卧下的服从性。要求其动作迅速、自然，姿势端正。正确卧下的姿势是前肢肘部以下着地平伸向前，与体同宽，后肢跗关节以下着地并收紧夹于腹部两侧，头自然抬起，尾自然平伸于后。卧分为正面卧和左侧卧两种。

一、口令和手势

1.口令

"卧下"。

2.手势

（1）**正面卧**　驯导员右臂上举，然后直臂向前压下与地面平行，掌心向下（图1-21）。

（2）**左侧卧**　驯导员左腿后退一步，右腿呈弓步，上身微屈，右手五指并拢，从犬鼻前方撇下。

图1-21　卧

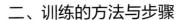

二、训练的方法与步骤

与"坐"科目的训练程序相同，先训练左侧卧，待犬形成初步条件反射后，再训练正面卧。

1.强迫法

令犬坐下，驯导员呈跪下姿势，左手绕过犬体握住犬的左前肢，右手握住右前肢，然后发出"卧"的口令，同时左臂轻压犬的肩胛，犬卧下后立即给予奖励。如果训练的是幼犬，因其胆量较小，强迫的力度一定要轻，动作要慢，可将犬两前肢提起，轻轻摇晃，让犬适应，然后逐渐向前引导，让犬卧下，再给予奖励。

2.诱导法

犬取坐姿，驯导员用食物或衔取物品引起犬的注意，然后不断下达"卧下"的口令，右手持食物或物品朝犬的前下方移动，直至犬卧下为止。在这一过程中左手要始终控制住犬，不让犬起立和移动，犬卧下后即给予奖励。

三、常见问题及解决办法

在训练当中比较常见的问题是卧姿歪斜，两后肢偏向一侧。当发现犬习惯于偏向左或右侧时，可利用障碍物进行训练。也可以用手将犬扶正，当不奏效时，就要使用一定的机械刺激，用手敲打歪斜部位，但要注意控制好犬，不要让犬起立或离开。

四、训练的注意事项

① 强迫的力度要适当，以犬不被动为宜。

② 强迫法对于那些皮肤敏感犬不宜采用。

③ 犬卧下后如果产生两腿偏向同侧等不正确姿势时，不应马上予以纠正，而应待其具备一定延缓能力后再纠正。

④ 如果犬卧下动作缓慢，则应加大机械刺激强度。

⑤ 犬基本形成卧下的条件反射后，应多从立姿使犬完成卧下。遇有犬卧下动作缓慢，应结合强迫手段促使其动作迅速。

犬的卧下训练

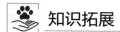 知识拓展

训练犬的原则

训练原则是指在训练犬的过程中必须遵循的基本要求和准则。它是广大驯导员训练实践经验的概括和总结，反映了训练过程的客观规律。遵循训练原则进行训练，就能事半功倍，取得显著效果；违反训练原则进行训练，则事倍功半，必然降低训练质量，延缓训练进度。犬一切能力的培养和提高，都是驯导员遵循训练原则，对犬施以有效影响的结果。因此，掌握训练原则，对培养犬的能力具有重要意义。

一、循序渐进原则

所谓循序渐进，就是根据犬的训练客观规律分阶段、有步骤、由简单到复杂，逐步过渡的能力培养过程。在犬训练过程中，要依据犬能力形成的规律、特点、训练科目、内容的难易程度和相互关系，坚持先易后难、由简单到复杂、循序渐进地进行训练。犬的每种能力的形成，都是按一定的程序训练完成的。犬的能力培养必须严格按照训练程序和步骤进行，这些程序和步骤是犬形成各种条件反射所必需的。犬能力的提高，不可能是直线上升的，其能力的发展规律是起伏曲折的，呈波浪式、螺旋式的。根据循序渐进原则，犬的能力培养基本分为3个阶段。

1. 第一阶段

培养犬对驯导员的口令和手势建立基本条件反射，要求犬只要能根据驯导员的口令做出动作即可。如犬听到"来"的口令，能走近驯导员；听到"坐"和"靠"的口令，能做出相应的动作等。

2. 第二阶段

条件反射复杂化阶段。此阶段要求犬能根据驯导员的口令和手势将各个独立形成的条件反射有机地组合起来，形成一种完整的能力即动力定型。如训练衔取科目，犬听到"去"的口令后，在手势的指引下能迅速前进；听到"衔"的口令，能迅速将物品衔取；听到"来"的口令，能迅速回来并在主人前面坐下；听到"吐"的口令，能将物品吐出；听到"靠"的口令，能迅速向主人的左侧靠。这个科目是由去、衔、来、吐、靠五个环节组成的。由于长久坚持训练，犬就形成一个完整的能力即动力定型。本阶段还要求犬对驯导员的口令达到迅速而顺利执行的程度。同时，为了加速培养和巩固犬的能力，在犬对口令形成条件反射的基础上，建立对手势的二级条件反射。

3. 第三阶段

环境复杂化阶段。本阶段要求犬在存在引诱刺激的自然环境中仍能顺利地执行口令，以适应实际使用的需要。当犬在比较清静的环境里已能顺利地表现出完整的能力时，就应该使训练环境逐渐复杂化。在初期，犬可能会对新异刺激产生探求反射或防

御反射，而对指令不发生反应或延误执行。在这种情况下，驯导员必须采用比平时更强的强制手段，加强口令的威胁音调并结合强有力的机械刺激，迫使犬做出动作，然后给予充分的奖励。为了使犬尽快适应环境，在本阶段仍应加强日常的环境锻炼。

二、因犬制宜原则

在训练过程中，依据年龄、犬种和个体的自身素质特点和神经类型，在训练方向、训练科目选择上和训练进度安排上，要因犬制宜，区别对待。这一原则体现了犬个体的特殊性和犬种的差异性，强调了在训练中具体问题具体分析。对不同年龄和神经类型的犬进行训练时，必须考虑其特殊性和差异性，因犬施训，区别对待。一方面，训练方法要具有针对性；另一方面，所需要培养的能力要与犬的个体特点相适合。根据因犬制宜的原则，对不同年龄、不同类型及行为反应的犬应分别对待，现分述如下。

1. 不同年龄犬的调练方法

（1）未成年犬　这类犬的特点是机体各部分功能生长发育快，可塑性强，活泼可爱，好奇心强，游戏欲强，学习速度快，对机械刺激的承受能力较差。因此在训练中应坚持诱导为主，强迫为辅，多用奖励，慎用禁止的训练方法。

（2）成年犬　这类犬的特点是机体各部分功能发育已基本成熟，品种特性表现明显，性格较沉稳，对机械刺激的承受能力较强。训练中应根据各品种的特性和不同类型及行为反应采用相应的方法，坚持诱导与强迫相结合，根据犬的神经类型和特点，掌握时机，及时、适度加大刺激强度，严格管理。对已经形成的不良习惯要及时果断地进行禁止和消退，在保证犬兴奋性的前提下，规范人、犬的动作。合理应用强迫、诱导、奖励等训练方法，快速建立条件反射，进一步完善犬的神经活动过程，提高犬的作业能力。

2. 不同类型及行为反应犬的训练方法

（1）兴奋型　这类犬的特点是大脑神经兴奋过程强，抑制过程弱。主要反应是凶猛好斗，活动力强，不易安静。因此，在训练中形成兴奋性条件反射迅速，形成抑制性条件反射比较慢，而且两者都不易巩固。在训练时，重点是逐步改善和发展这类犬的抑制过程，使其兴奋与抑制相对平衡。平时要严格管理，加强犬的依恋性和服从性培养。除训练需要外，要多牵引、少散放，减少它自由活动的时间和机会。在培养犬的抑制能力时切忌急躁冒进。

（2）活泼型　这类犬的主要特点是兴奋和抑制过程都很强，而且均衡，相互转换也很灵活。其行为特征是活泼，工作迅速敏捷。在训练中形成兴奋性和抑制条件反射的速度都比较快，而且巩固。只要方法得当，训练就会进展顺利；如果训练方法不当，也容易使犬产生不良联系，所以要求驯导员要特别注意自己的影响手段。对这类犬，只要根据犬的主要反应特点采取相应的方法，就能收到良好的训练效果。

（3）安静型　这类犬的特点是兴奋和抑制过程都很强，但是，相互转换的灵活性比较差，其行为活动常表现为抑制过程相对较突出。在训练中形成条件反射的速度比较慢，但形成抑制性条件反射较易，其速度相对也要快一些，形成后比较巩固。训练这类犬应着重培养它的灵活性和适当提高其兴奋性。因此，在训练中往往需要较多的重复口令，多采用诱导的训练手段，方能达到比较好的效果。

总之，在训练中实施因犬制宜原则时，要全面考虑犬的品种、年龄、神经类型与行为反应特征之间的内在联系及相互关系，避免造成犬的应激反应或产生矛盾行为，影响训练的正常进行。

三、巩固提高原则

犬的各种能力，都是在其所具有的本能的基础上，通过后天学习和培养而获得的。一种能力形成后，如果不经常进行复习和巩固，这种能力就会逐渐减弱和消退。巩固是指加强犬能力的稳定性和基础的扎实性，提高是指在原有能力的基础上有新的发展和突破。

训练中要求驯导员主动采取措施，在训练计划的安排、训练条件的把握和每次训练的要求上，做到难易结合，易多难少。其中易是为了巩固基础，有效地调节训练兴奋性和保持作业积极性；难是为了提高，使犬的能力逐渐得到完善。

四、服务应用原则

训练的目的是应用，训练内容要根据应用需要来选择。应用需要什么样的内容就选择什么样的内容进行训练，需要什么样的科目就训练什么样的科目。

训练标准要符合应用要求。训练标准的高低，一方面取决于犬的自身素质，另一方面取决于应用的实际要求。在保证犬身体质量的前提下，要以应用需要为标准来确定犬的训练标准。不同科目有不同的训练标准，这些标准都必须符合应用要求，通过应用来检验训练标准是否科学。

训练犬种的选择也要适合应用需要。不论大型犬、中型犬或小型犬，哪种犬适合应用需要，就选择哪种犬进行训练，以便在应用中发挥作用。

项目 2-3　犬的站立训练

本科目训练是为了使犬能够根据指挥，迅速做出站立动作。正确的站立姿势应是四肢根据其生理特点伸直，两前肢处于同一水平线，头自然抬起，尾自然放松。立分为正面立和左侧立两种。

一、口令和手势

1.口令

"立"。

2.手势

驯导员右臂在自然放松状态，以肩为轴由下而上直臂前伸，至水平位置，五指并拢，掌心向上（图1-22）。

图1-22　站立

二、训练的方法与步骤

1.强迫法

强迫的方法有很多种，分为驯导员强迫与助训员强迫。

（1）驯导员强迫法　犬取坐姿，驯导员右手握短牵引绳，左手绕过犬体托住左腹部，在发出"立"的口令的同时，向上发力，使犬站立起来。当犬起立后，及时给予奖励。

（2）助训员强迫法　犬坐或者卧下，将训练绳穿过犬体下部置于腰部位置，驯导员在远处指挥，下达口令、手势后，两助训员将训练绳绷直，迫使犬站立，然后驯导员回来奖励犬，如此反复训练。助训员强迫法的好处在于犬站立科目形成后，对主人不产生被动依赖。

2.诱导法

犬取坐姿或卧姿，驯导员站在犬的身体右侧，首先引起犬的注意，然后下达"立"的口令，同时左脚向前迈一步，犬出于跟随主人的习惯，则自然站立起来，犬站立起来后，控制不让犬向前移动，静立一会，让犬感受立的状态，再进行奖励。

三、常见问题及解决办法

1.起立后向前移动

这种情况较为常见，因为犬出于对主人的依恋，会不自觉地向主人靠近。当发生这种情况后，驯导员应多在犬的身边进行训练，犬有移动意图时即以脚部进行阻挡，逐渐延长指挥距离，或者将犬拴住使之不能向前移动后再进行长距离指挥。

2.站立时犬注意力不够集中

训练时犬左顾右盼，一般由外界环境干扰引起。因此，当犬在训练中出现左顾右盼时，首先应缩短指挥距离，以声音或不规则的动作吸引犬的注意。

四、训练的注意事项

① 训练初期应把犬带到比较清静的环境中进行。

② 当犬站立移动后，不能迁就犬，而应把犬带回原地继续延缓训练。

③"站立"的科目形成后，可与其他科目结合训练，但要注意防止产生不良联系。

犬的站立训练

项目 2-4　犬的随行训练

随行科目是指犬根据驯导员指挥，紧靠驯导员左侧，紧随驯导员行进并在行进中完成各项规定动作。随行的标准为：犬紧靠驯导员左侧，注意力集中，抬头注视驯导员，并与驯导员保持平行，不超前不落后。

一、口令和手势

1.口令

"靠""快""慢"。

2.手势

驯导员左手自然下垂，轻拍左腿外侧。

二、训练的方法与步骤

随行训练的内容主要有建立犬对口令和手势的条件反射、随行中方向和步伐速度的变换、脱绳随行等。本科目主要采用诱导的训练方法，强迫为辅助手段。

1.建立犬对口令和手势的条件反射

左手反握牵引绳，将牵引绳收短，发出"靠"的口令，令犬在驯导员的左侧行进，如犬不能很好地执行，可用牵引绳强迫。当犬有了一定的随行基础后，可结合手势进行训练。训练过程中，驯导员在发出口令的同时，左手轻拍左腿外侧，做出随行的手势，如此多次地将口令和手势相结合，逐步养成犬对随行的条件反射。

训练过程中，也可根据犬随行能力的实际情况，单独使用手势进行。此时犬对随行的手势尚未产生条件反射，因此，随行手势对犬来说是无关刺激。驯导员在做完手势后，给犬以适当的机械刺激，促使犬能做出相应的随行动作后，及时给予奖励。如此反复训练，逐步养成犬对手势的条件反射。对于性格倔强、不听指挥的犬可借助墙、沟、坎等进行辅助训练，对特别兴奋的犬，可用"非"的口令或刺钉脖圈来控制犬的行为。

置犬于驯导员和上述地物之间，将牵引绳收短，发出"靠"口令和手势，令犬并排前进，犬如果超前则下"慢"的口令，犬落后就下"快"的口令，同时以牵引绳来控制犬的行进速度，犬表现好时，发出"好"的口令奖励。这种方法可以利用牵引绳和地物来纠正犬的位置，反复多次训练后，可转到平坦地形上训练。

2.随行中方向和步伐速度的变换

步伐变换是指犬在随行过程中的快步、慢步和跑步的相互转化，方向改变是指在行进中左转、右转和后转的相互转化，使犬能在随行中跟上驯导员的步伐。训练时，要注意每次变换步伐和方向时，都应预先发出"靠"的口令和手势，并轻轻拉扯牵引绳对犬示意，不能使犬偏离位置，当犬能准确地进行步伐和方向的变换时，应及时对犬奖励。在此训练中，犬行进中方向和步伐速度的变换是随着驯导员的动作的前节奏改变而改变的。

3.脱绳随行

脱绳随行是在牵引随行的基础上训练的。首先把牵引绳放松，使其对犬起不到控制作用，当犬离开预定位置后，用口令和手势令犬归位，如犬不能很好地执行，可用牵引绳强迫其归位。在此基础上，可将牵引绳拖于地面令犬随行，经过一段时间的训练后，犬熟悉拖绳随行时，可进行解除牵引绳的随行练习。但要注意犬脱绳随行不能太突然，而应在拖绳随行的过程中使犬在不知不觉中脱绳。当犬随行正确时要及时给予奖励，出现偏离时及时下令纠正；如犬不听从指挥，则应采用牵引绳强制其执行，不能任其自由行动，直至犬能服从指挥正确随行时才能解除牵引绳。如此反复多次训练，直到达到预定要求为止。

4.内圈随行

这是训练的第一步，原因在于内圈随行能较好地控制犬，有效避免犬产生超前、跳抢物品等毛病，始终保证犬处于较为正确的随行状态，有利于犬兴奋而较快地建立起随行科目的条件反射。训练过程中要不断下达"靠"的口令和手势，同时利用食物或者物品引诱犬，左手持牵引绳轻轻控制犬。

5.外圈随行

在内圈随行的基础上，进入外圈的随行训练。进一步让犬学会调整步伐跟随随行。有一定基础后，可带犬按"8"字路线随行，巩固犬的随行能力。这一过程中可有意加快或减慢，让犬学会始终保持正确的随行位置。

6.直角拐弯随行

犬随行有了相当基础后，再练习直角拐弯随行。直角拐弯随行对于犬而言是有一定难度的，此时要加强牵引绳的控制，在拐弯时先提示犬，然后再进行拐弯，多奖励犬。

7. 直线随行

最后练习直线随行。

8. 随行中完成坐、卧、立等各项规定动作

在随行的过程中，在下达口令（坐、卧或者立）的同时，迫使犬做出相应的动作，然后对犬施以奖励。在施以强迫时，动作要迅速；得效，犬完成动作后，要及时充分奖励，以缓和犬的紧张状态。

三、常见问题及解决办法

1. 犬超前或落后

犬超前是因为太兴奋，可用牵引绳控制，或者用内圈随行的办法进行控制。犬落后时要加强诱导，以提高犬随行的兴奋性。

2. 犬侧离主人过远

说明犬对主人有一定被动，训练时加强诱导，少用刺激。

四、训练的注意事项

① 防止驯导员在随行过程中踩到犬脚，而使犬对随行产生恐惧或被动。

② 在随行中牵引绳应保持一定的松度，用来在犬超前时有余量刺激犬。

③ 不要急于由牵引随行过渡到自由随行，以防止犬出现各种毛病。应在犬形成较为巩固的随行条件反射后，再进行自由随行。

④ 随行过程中注意快慢步结合，一方面吸引犬的注意力，另一方面更好地让犬理解随行的含义。

犬的随行训练

项目 2-5 犬的前来训练

前来科目是指犬能够根据驯导员的指挥，顺利而迅速地回到驯导员的身前，并呈正面坐。前来体现着犬良好的服从性。

一、口令和手势

1. 口令

"来"。

2. 手势

驯导员以肩为轴，左臂由自然下垂状态外展至水平位置，手心向下，五指并拢，然后再由水平位置以肩为轴内收至自然下垂状态（图1-23）。

图1-23　前来

二、训练的方法与步骤

1. 强迫法

给犬系上长训练绳，让犬处于自由状态，当犬离开一段距离时，驯导员下达"来"的口令，并做出手势，如犬不理会，则通过训练绳给犬一个突然的拽拉刺激，同时加重口令，犬来后即予以奖励。

2. 诱导法

可让犬自由散放或让助训员带离一定距离，然后驯导员呼犬名以引起犬的注意，再下达口令和手势，同时伴以急速后退、下蹲或拍掌动作，引诱犬前来。当犬对口令、手势已初步形成条件反射时，即开始训犬正面坐，一般采用诱导方法，否则犬将不愿意前来。当犬来到身边后，可用食物或物品诱导犬坐下。犬坐后即予以奖励。

三、常见问题及解决办法

1. 前来速度较慢

加大诱导和奖励力度。

2. 前来速度太快冲过坐下位置

应提前发出"慢"的口令加以控制，同时也可利用自然地形阻挡犬。

四、训练的注意事项

① 前来科目不宜与延缓科目结合训练，以免产生不良联系。
② 使用强迫手段时一定要兼顾犬的兴奋性。

犬的前来训练

项目 2-6　犬的延缓训练

延缓是指犬按照驯导员的指挥，在一定时间内稳定而相对静止地保持某一姿势不变的能力。延缓分为坐、卧、立 3 种形式。延缓科目的训练可平衡犬神经活动过程，培养犬的坚强忍耐性。要求能闻令不动，并经得住一般引诱。

一、口令和手势

1.口令
所要求延缓的某一动作的口令。

2.手势
所要求延缓的某一动作的手势（图1-24）。

图 1-24　延缓

二、训练的方法与步骤

延缓能力有两个要素，即距离和时间。训练过程当中要把握好距离与时间，注意这两种能力是交替上升的。

1.培养犬的延缓意识
令犬保持某一姿势（坐、卧或者立），驯导员缓步离开 1～2m，始终保持密切注意犬，反复下达口令，并做手势。然后立即回到犬的身边奖励犬，逐步培养犬的延缓意识。

2.进行延长距离和时间的训练
犬有了延缓的意识后，即开始延长距离和时间的训练。在这一过程中时间和距离的延长要保持平衡，延长距离时时间不要过长，延长时间时距离不要拉得过大。两种能力交替上升。犬有了相当的延缓能力后，驯导员可以隐蔽起来，暗中监视犬的行动。如犬欲动则重复下达口令，不动则进行奖励。此后逐步延长时间，变换各种环境锻炼。可由助训员进行一般性的干扰，如犬仍不动，即达到训练目的。

三、常见问题及解决办法

1.犬延缓不住
说明犬的延缓意识不强，需要降低条件进行培养，犬一离开即带犬回原地重做，绝不迁就，适当时可加重机械刺激。

2.犬的注意力不好

驯导员离开时犬不注意主人，主人此时要通过改变行走路线、唤犬等方式引起犬的注意。

四、训练的注意事项

① 在同一时间内，训练次数不宜过多，以免引起犬超限抑制。

② 延缓与"前来"科目要分开训练，以免形成不良联系。

③ 不能迁就犬，但也不能过分威胁犬。

项目 2-7　犬的拒食训练

犬的拒食训练是指犬在脱离驯导员管理和监督的情况下，养成不随地捡食、拒绝他人给食或物品的良好习惯，要求犬能根据驯导员的指挥，迅速停止不良采食行为，并对陌生给食或引诱以示威反应，最终达到让犬闻令即止的效果。

一、口令和手势

1.口令

"非"。

2.手势

驯导员竖直手掌，掌心朝向目标，平缓推出，保持静止。

二、训练的方法与步骤

拒食训练主要包括培养犬禁止随地捡食和拒绝他人给食训练两方面内容。

1.禁止随地捡食

驯导员训练时将几个食物散放在训练场，然后牵犬到训练场游散，并逐渐接近食物。当犬有欲吃食物的迹象时，驯导员立即发"非"的口令，并伴以猛拉牵引绳的刺激，犬停止捡食之后，应给予奖励。按此种方法训练数次，以后经常更换训练场地，让犬达到嗅闻地上的食物或物品而不捡食或避开的习惯。在此基础上，可将食物藏在隐蔽的地方，驯导员用长绳控制犬，仍采取上述方法训练，直至解脱长绳，犬在自由活动中，能闻令而止，彻底纠正犬捡食的不良习惯。在以后的训练中，应结合平时的饲养管理随时进行，否则会前功尽弃。

2.拒绝他人给食

驯导员牵引犬进入训练场，助训员很自然地接近犬，手持食物给犬吃。如犬有吃食物的企图时，驯导员用手轻击犬嘴，同时发出"非"的口令，然后助训员再给犬食，如犬仍有吃的欲望，驯导员可加大刺激力度，同时发"注意""叫"的口令，并假打助训员或让助训员慢慢退后，表示害怕犬的攻击，以激发犬的主动进攻防御反射，当犬对助训员狂叫时，助训员边逗引边假装逃跑后隐蔽。如此反复训练，使犬形成条件反射，不但不吃他人给的食物，反而攻击乱咬给食物的人。

有了上述基础之后，驯导员可将犬牵引绳拴在树上，隐蔽起来监视犬，助训员走近犬先用食物给犬吃，犬若有吃的企图，则打击犬嘴；犬若不吃，并有示威举动，助训员扔下食物离开犬，若犬捡食，助训员猛然回头刺激犬，训练员则在隐蔽处发"非"的口令和"注意"的口令。犬如有不捡食而攻击的表现，则应及时给予奖励，3～5 次训练后即可形成条件反射。

三、训练的注意事项

① "非"的口令和猛拉牵引绳的刺激，应在犬刚要表现或正要出现不良行为时使用。刺激的力量要强，但必须适合犬的神经类型和身体情况，以免产生不良后果。事后使用口令和刺激，其效果是不好的。

② 若因刺激造成犬过分抑制而影响其他科目的训练时，应暂时停止这一训练，以缓和犬的神经活动过程。

③ 禁止训练应经常坚持，不可能一劳永逸。否则，会有反复。

犬的拒食训练

项目 2-8　犬的前进训练

前进训练是为了培养犬按指挥方向奔跑向前的能力，为实战奠定良好的基础。要求犬根据指挥呈直线迅速向前奔跑，密切注视前方。科目形成后应有意识地结合其他科目如卧、越障碍、匍匐、扑咬和搜索等。

一、口令和手势

1.口令

"前进"。

2.手势

驯导员右臂挥伸向前，掌心向里，指示前进方向，如在夜间可以用电光指示方向

（图 1-25）。

二、训练的方法与步骤

1.利用"参照物"进行训练

用犬最喜欢的物品逗引犬，犬兴奋后当犬面置于一高约 50cm 三脚架顶端（此三脚架即为"参照物"），然后让犬短距离前进到三脚架面前之后卧下，让犬建立只有卧下等待主人前来，才能得到物品这样一种联系。联系建立后，再加长前进距

图1-25　前进

离，并逐渐减少当犬面放置物品的次数，直至取消，改为直接从三脚架上取下给犬衔取的方式进行训练，使犬形成无参照物的前进能力。

2.利用有利地形训练前进

选择沿墙小路、河堤、稻田或走廊等有利地形进行训练。先令犬面向前进方向坐下，驯导员以手势指向前方，同时发出"去"的口令。并跟在犬后面一同前进，只要犬向前行进就要及时以"好"的口令给予奖励。前进约 50m，令犬坐下，再给予奖励。按照此法反复训练，并逐步加大驯导员与犬之间的距离，直至驯导员原地不动，犬也能按指令前进 50m。

三、常见问题及纠正方法

1.常见问题

犬前进的速度不快。

2.纠正方法

① 在一次训练中，次数不宜过多。

② 采用诱导的方法加快犬的前进速度。

③ 当科目形成后，可与搜捕、搜索结合使用，提高犬的兴奋性，加快犬的前进速度。

四、训练的注意事项

① 训练中要将犬置于主人控制范围之内，不能让犬出现逃跑的现象。否则，将影响训练的效果。

② 刚开始训练时应带至清静环境，避免场地可能存在的异味或其他诱惑性气味的干扰。

犬的前进训练

项目 2-9　犬的匍匐训练

匍匐训练是使犬养成根据指挥的方向在地面上爬行前进的服从性。目的是培养犬根据指挥匍匐的服从性，为使用科目奠定良好基础。要求犬无论是表演或进行作业时，不分地形条件、气候条件的限制都能根据驯导员的口令和手势指挥，从各种姿势迅速地转为匍匐前进，匍匐距离在 15～20m，并且姿势正确，有耐力。

一、口令和手势

1. 口令

"匍"。

2. 手势

驯导员右手向下挥向前进方向（图1-26）。

图 1-26　匍匐

二、训练的方法与步骤

在犬已形成坐和卧下的条件反射后开始训练匍匐。选择一平坦地面，令犬靠于驯导员左侧卧下，驯导员呈前弓步或蹲下，右手拿食物或衔取物品作引诱，左手握项圈向前拉，同时不断发出"匍"的口令。当犬向前匍匐时，即用"好"的口令进行奖励，如犬欲起来时用左手刺激犬背部，待犬能够行进 1.5～2m 时，再予以食物或物品奖励。

1. 匍匐前来的训练方法

驯导员先令犬卧延缓，然后走到犬对面 3～5 步的地方，左手控制训练绳，发出"匍"的口令和手势，指挥犬匍匐前进。当犬匍匐到驯导员的面前后给予奖励，如果犬欲起立，可抖动训练绳，重复"匍"的口令；或以助训员控制犬，驯导员将一拴有食物或物品的绳控制在手里，与犬保持 50cm 距离进行引诱，不断发出"匍"的口令、手势，当犬匍匐来到驯导员面前时，即予以奖励。

2. 匍匐前进的训练方法

令犬卧于右侧，驯导员也取卧下姿势，右手握短牵引绳，发出口令和手势令犬匍匐，同时与犬一起匍匐，边匍匐边以口令"好"和抚拍奖励犬，犬如欲站起来或不匍匐，则用左手进行控制。当犬能随人匍匐 10m 以上时，就可以训练犬独立匍匐前进。

三、训练的注意事项

① 该科目体力消耗较大，同一时间训练 2～3 次即可，而且训练后要充分缓和犬的紧张状态。

② 强迫不能过度，防止产生超限抑制。

犬的匍匐训练

项目 2-10　犬的吠叫训练

此科目是培养犬根据驯导员指示 1 次或连续多次吠叫的能力。目的是培养犬依据口令、手势发出叫声。要求闻令即叫，声音洪亮，不乱叫。

一、口令和手势

1.口令

"叫"。

2.手势

驯导员伸出右手食指在胸前点动（图 1-27）。

图 1-27　吠叫

二、训练的方法与步骤

只能采取诱导的方法。

1.利用犬的自由反射训练法

此法适用于自由反射较强的犬，可在犬牵出犬舍前训练。驯导员把其他犬牵出犬舍后，站在被训犬的犬舍外面，被训犬看到其他犬出了犬舍而急于出去，但因驯导员不放而不停地发出叫声，此时，驯导员发出"叫"的口令或手势，指挥犬吠叫。待犬吠叫后放其出来。也可牵引其他犬站在被训犬舍前，这时被训犬欲跟随出来，因而会更加着急，驯导员可趁势发出"叫"的口令或手势，指挥犬吠叫，犬发出叫声后，及时奖励。

2.利用犬的食物反射训练法

此法适用于食物反射强的犬。在犬饥饿状态下或喂犬前，驯导员提着犬食盆或手持食物，站在犬舍外引诱犬，犬由于急于获得食物，表现出兴奋，这时驯导员发出"叫"的口令和手势，同时用食物在犬面前逗引。犬由于急于想获得食物而又得不到，就会发出叫声，这时驯导员立即将食物给犬，并给予抚拍。初期只要犬有叫的迹象，就应给予鼓励，也可在完成一次大的叫声之后，给予奖励，以后逐渐减少食物，直至完全根据指挥发出叫声。

3.利用犬的猎取反射训练法

此法适用于猎取反射强的犬。用犬喜欢的物品逗引犬，当犬兴奋性很高时，将物品举起或放到犬衔不到的地方，此时犬由于急于获得物品而发出叫声，与此同时，驯导员发出"叫"的口令和手势，促使条件反射的形成。反复练习。

4.利用犬的防御反射训练法

此法适用于防御反射占优势的犬。当犬在熟悉的犬舍内时，发现有陌生人走近或助训员逗引时发出叫声，驯导员可及时发出"叫"的口令和手势，犬如有狂叫、狂咬声，应给予奖励。也可让驯导员牵犬，助训员由远及近，并对犬加以逗引，当引起犬注意之后，驯导员用右手指向助训员并对犬发"叫"的口令，当犬有吠叫表示时，驯导员奖励犬，助训员停止逗引或隐蔽起来，然后继续逗引犬吠叫。如此反复训练多次后，可逐步减少或取消助训员的逗引，只用口令和手势指挥。

5.利用犬的依恋性

此法适用于依恋性较强的新犬。将犬带到清静而陌生的环境里，拴在物体上，驯导员先用物品、食物等引逗犬，使之兴奋后，慢慢走离犬，边走边呼唤犬的名字。犬由于看到驯导员离开并喊它的名字，就会发出叫声，这时驯导员用口令和手势指挥犬叫几声之后，立即跑回去，给犬奖励，重复训练2~3次后，放犬游散。

6.模仿训练法

模仿训练是利用其他训练有素的犬去影响被训犬的训练方法。训练时，将被训犬牵到其他喜欢叫或已形成条件反射的犬附近，当其他犬吠叫时，被训犬也跟随吠叫。

三、常见问题及解决办法

1.吠叫时犬容易起立向前移动

可通过助训或拴系的办法解决。

2.犬离主人近则叫，距离远则不叫

采取近多远少的训练办法，当犬远距离能吠叫时一定要加强奖励。

3.犬胡乱吠叫

采用"非"的口令或敲击犬嘴等机械刺激的办法抑制犬的胡乱吠叫。

四、训练的注意事项

① 为了保持和提高犬吠叫的兴奋性，应不断地强化和奖励正确的吠叫动作。

② 防止连续频繁地令犬吠叫而产生抑制。

③ 在犬基本建立吠叫条件反射后,如果根据驯导员指挥,犬只做吠叫表示而不吠叫,驯导员应停止对犬奖励,而应待其叫出声后再予以奖励强化。

项目 2-11   犬的安静训练

安静训练的目的是培养犬根据口令保持安静的能力,要求犬能闻令即止。

一、口令

口令:"静"。

二、训练的方法与步骤

安静这一训练应在犬形成吠叫条件反射之后进行。方法是驯导员牵犬进入训练场,助训员鬼鬼祟祟由远及近地逐渐接近驯导员。当犬欲发出叫声时,驯导员及时发出"静"的口令,并用手轻击犬嘴,如犬安静,立即给予奖励,然后助训员继续重复上述动作。驯导员则根据犬的表现,也可以加大刺激量,经过反复训练,直到使犬对口令形成条件反射。

在此基础上,训练犬养成能在强烈音响刺激的环境下安静的能力,可选择在犬舍附近进行。训练时,在距犬舍 40~50m 处以鞭炮、发令枪、锣鼓等发出各种声响,初期犬会有胆怯、退缩现象,这时驯导员采用安慰鼓励、游戏、抚拍和食物等引起兴奋反应,分散犬的注意力,使犬习惯于平静地对待各种音响。当犬能适应各种音响之后,驯导员可视犬习惯程度,逐渐缩小距离,使犬接近刺激物。平时也可带犬到不同刺激的地方(汽车、火车、村庄生产噪声、人群嘈杂音等),使犬逐渐习惯平静地对待周围一切,训练方法与普通训练方法类似。

三、训练的注意事项

刺激犬嘴令犬静止时要注意掌握强度,防止犬过于被动,影响其他科目的训练效果。

犬的安静训练

项目 2-12 犬的游散训练

犬的游散训练是使犬养成根据指挥进行自由活动的良好服从性，并以此来缓和犬因训练或作业引起的神经活动紧张状态，也是驯导员作为奖励的一种手段。

一、口令和手势

1.口令

"游散"。

2.手势

驯导员右手向让犬去活动的方向一甩。

二、训练的方法与步骤

本科目的训练分两个阶段进行，可与随行、前来、坐 3 个科目同时穿插进行，主要分建立犬对口令、手势的条件反射和脱绳游散两个阶段。

1.建立犬对口令和手势的条件反射

驯导员用训练绳牵犬向前方奔跑，待犬兴奋后，立即放长训练绳，同时以温和音调发出"游散"的口令，并结合手势指挥犬进行游散。当犬跑到前方后，驯导员立即停下，让犬在前方 10m 左右的范围进行自由活动，过几分钟后驯导员令犬前来，同时扯拉训练绳，犬跑到身后，马上给予抚拍或美食奖励。按照这一方法，在同一时间内可连续训练 2~3 次，在训练中驯导员的表情应始终活泼愉快。经过如此反复训练，犬便可以形成游散的条件反射。

除了专门进行训练外，还应在其他科目训练结束后结合平时散放时进行训练，尤其在早上犬刚出犬舍时，利用它急于获得自由活动而表现特别兴奋之际进行训练，会收到良好的训练效果。

2.脱绳游散

当犬对口令、手势形成条件反射后，即可解去训练绳令犬进行充分的自由活动，训练员不必尾随前去。在犬游散时，不要让犬跑得过远，一般不要超过 20m，以方便驯导员对犬的控制；离得过远时，应立即唤犬前来。

为了有效控制犬的行为，防止事故发生，脱绳游散的训练应与"禁止"科目相结合。

三、训练的注意事项

① 训练初期切勿要求过高，只要犬稍有离开驯导员的表现就应及时奖励，以后再逐渐延长游散距离。

② 犬在游散过程中，驯导员要严密监视，以便随时制止犬可能出现的不良行为。

③ 游散应有始有终，不可放任犬自由散漫，以免形成不听指挥的恶习。

④ 开始训练时，应采取群体训练，满足犬的逗玩欲望而获得游散的机会，最好能自己控制或用牵引绳控制。

犬的游散训练

项目 2-13　犬的衔取训练

犬的衔取训练是训练鉴别、追踪、搜索物品等科目的重要基础，通过训练使犬养成根据指挥将物品衔来交给驯导员的能力，要求犬的衔取欲望要强，寻找物品积极性要高，并且不破坏被衔取回来的物品。

一、口令和手势

1.口令
"衔""吐"。

2.手势
驯导员右手指向所要衔取的物品（图1-28）。

二、训练的方法与步骤

图 1-28　衔取

本科目应在前来、坐的科目形成条件反射之后进行，训练可分为三个阶段进行：一是培养对"衔""吐"的口令及手势形成条件反射，二是培养犬衔取抛出和送出物品的能力，三是培养犬鉴别式和隐蔽式衔取能力。

1.建立犬对口令和手势的条件反射

（1）诱导法　在清静的环境内，选用犬对其兴奋而易衔取的附有驯导员气味的物品，持于右手，对犬发出"衔"的口令和手势后，将所持物品在犬前面摇晃几下，以引起犬的注视，并重复"衔"的口令。如犬在口令和物品的引诱作用下衔住物品时，驯导员即用"好"的口令或抚拍奖励；如犬不能执行命令，则可将物品放到犬的嘴边，待犬稍有张口动作时就势塞入，或轻扒犬嘴塞入物品，让犬稍衔片刻后，再发"吐"的口令，在犬将物品吐出后，再对犬进行奖励，在同一时间内可按照上述方法重复训练3次。当犬能衔、吐物品后，应逐渐减少和取消摇晃物品的引导动作，使犬完全根据口令和手势衔取、吐出物品。

也可采用以下的诱导训练方法：准备好几种新奇的物品，把犬的牵引绳解开，让犬自由活动，突然拿出物品让犬看或嗅闻，犬会因探求反射强、好奇而对物品产生兴趣后跟随驯导员走动。驯导员在物品上系一细绳，逗引犬2～3次，将物品抛向3～5m远的地方，犬会主动去衔物品。当犬欲衔物品时，驯导员发"衔"的口令，然后在犬衔住物品的同时，慢慢拉动物品到自己身边，犬也会跟随着物品来到驯导员面前，让犬在离驯导员正面前30cm处坐下，发"吐"的口令，驯导员将物品接住，令犬靠在驯导员左侧，充分奖励后，给犬游散，逐渐形成衔回物品后回到驯导员身边呈左侧坐并等待奖励的条件反射。

（2）**强迫法**　首先让犬坐于驯导员左侧，驯导员右手持衔取物发出"衔"的口令，用左手轻轻扒开犬嘴，将物品放入犬的口中，再用右手托住犬的下颌，同时发出"衔"和"好"的口令，并用左手抚拍犬的头部。犬如有吐出物品的表现，应重复"衔"的口令，用左手抚拍犬的头部，并轻击犬的下颌，使犬衔住不动。训练初期，犬只要能衔住几秒时即可发出"吐"的口令，反复训练，直至犬能根据口令完成对物品衔吐动作，即可转入下一步训练。

上述两种方法各有利弊，犬对诱导方法表现兴奋，但动作不易规范，强迫方法训练的犬虽然动作规范，但犬易产生抑制。因此，应根据犬的具体情况将两者结合使用，取长补短。

2.培养犬衔取抛出和送出物品的能力

（1）**抛物衔取**　驯导员牵犬坐于左侧，当犬面将物品抛至10m左右的地方，待物品停落并使犬注意后，发出口令和手势，令犬前去衔取。如犬不去则应引犬前往，并重复口令和手势，当犬衔住物品后，即发出"来"的口令奖励，随后令犬吐出物品，再给予抚拍奖励。在训练过程中，不仅要求犬能兴奋而迅速地去衔取物品，还必须能顺利地衔回，靠在驯导员左侧或正面坐，吐出物品，使犬形成根据指挥去衔回物品的条件反射。如果犬出现衔而不来的情况，应采取以下3种方法进行纠正：一是每次衔回物品都要及时奖励，不能急于要回物品；二是用训练绳加以控制；三是用食物或其他物品引诱犬前来后替换衔取物。

（2）**送物衔取**　先令犬坐待延缓，驯导员将物品送到10m左右能看见的地面上，再跑步到犬的右侧，指挥犬前去衔取。犬将物品衔回后，令犬坐于左侧，然后发出"吐"的口令，将物品接下，再加以奖励；犬如不去衔物，应引导犬前去，犬如衔而不来，应采取诱导或用训练绳掌握纠正。本阶段训练中，还要注意培养犬衔取不同物品的能力，为以后鉴别、追踪和搜索的训练奠定基础。

3.培养犬进行鉴别式和隐蔽式衔取能力

（1）犬鉴别式衔取　训练员事先准备 3～4 件不附有人体气味的干净物品，将物品摆放在平坦而清洁的地面上，然后牵犬到距离物品 3～5m 处令犬坐下，当着犬面将附有驯导员本人气味的衔取物品放到其他物品中去，然后令犬去衔。当犬能通过逐个嗅认物品后，并将带有驯导员本人气味的物品衔回时，给"好"的口令加以奖励，然后靠驯导员左侧坐下或正面 20cm 处坐下，吐出物品，驯导员接下物品，再给食物奖励或抛衔取物奖励。如犬错衔物品，应让犬吐掉，再指引犬重新嗅认后，继续去衔，反复训练多次，犬就会形成条件反射，对鉴别形式反应兴奋。对于兴奋性高而嗅认不好的犬，可带绳牵引进行训练。

（2）隐蔽式衔取　驯导员将犬牵引到事先选好的训练场地令犬坐待延缓，驯导员手持衔取物品在犬眼前晃动几下引起犬的注意后，将物品送到 30m 远处的地方隐藏起来，并用脚踏留下气味，再按原路返回，发出口令和手势，令犬衔取物品。犬如能通过嗅寻衔回物品，则驯导员应令犬坐于正面或侧面吐出物品后给予奖励；如犬找不到物品时，驯导员应引导犬找回物品，然后加以奖励。如此反复多次训练，当犬能顺利地运用嗅觉发现和衔取隐蔽的物品后，则应延长送物距离至 50m 或更远，以提高其衔取、搜索物品的能力，同时也为以后的追踪训练打下基础。

三、训练的注意事项

① 为保持和提高犬衔取的兴奋性，应经常更换令犬兴奋的物品，训练不宜过频，次数不宜过多，对犬的每次正确衔取都应给予充分的奖励。

② 要注意及时纠正犬在衔取时撕咬、玩耍和自动吐掉物品的毛病，以保持衔物品动作的正确性。

③ 抛物衔取时，抛物距离应先近后远。

④ 为防止犬过早吐出物品，驯导员接物的时机要恰当，不能太突然，食物奖励也不应过早、过多，只能在接物后给予奖励。

⑤ 为养成犬按驯导员指挥进行衔取的良好服从性，应制止犬随意乱衔取物品的不良习惯。

⑥ 当衔取训练有一定基础后，应多采取送物衔取的方式，少采用抛物衔取，防止犬养成衔动不衔取的毛病。

犬的衔取训练

项目 2-14　犬的躺下训练

犬的躺下训练主要是使犬养成根据指挥正确躺的服从性，以及保持延缓的持久性，要求犬听到口令必须迅速做出躺的动作。要求犬身体一侧着地，头部、四肢和尾部自然平展于地面。

一、口令和手势

图 1-29　躺下

1.口令

"躺"。

2.手势

驯导员右臂直臂外展 45°，右手向前下方挥，掌心向前，胳膊微弯（图 1-29）。

二、训练的方法与步骤

躺下训练主要包括培养犬对"躺下"口令、手势形成基本条件反射和培养犬的距离指挥和延缓能力两方面内容。

1.建立犬对口令和手势的条件反射

选一安静平坦的训练场地，驯导员令犬卧好，发出"躺"口令的同时，用手掌向右击犬的右肩胛部位，迫使犬躺下。犬躺下之后，立即给犬以食物奖励，并发出"好"的奖励或给予游散，如此反复训练，直至犬能根据口令迅速执行动作。在此基础上，逐步加入手势进行训练，以便犬能准确地对"躺"的口令和手势做出动作。在以后的训练中，犬能在驯导员发出口令和手势后准确而迅速地做出躺下的动作后，可让犬坐起来或让犬游散或直接以"好"的口令进行奖励，一般不再采用食物来进行奖励，以免犬产生有食即躺，无食不躺的不良习惯。

2.距离指挥和延缓能力的培养

在犬对口令、手势形成基本条件反射后，驯导员令犬卧下，走到犬前 50～100cm 处，发出"躺"的口令和手势，如犬能顺利执行动作，应立即回原位奖励。如果犬没有执行动作，立即回原位刺激强迫犬躺下，然后奖励犬，延缓 2～5min，令犬游散或坐起。如此反复训练，即可使犬形成条件反射。

当犬能在 1～2m 距离迅速执行动作后，可用训练绳控制犬，逐渐延长距离，适当加强强迫手段，直至达到 30m 以上。培养犬躺延缓的能力同坐的科目训练方法一样，距离远近与时间长短结合，奖励适当。

三、训练的注意事项

① 当犬不能很好地执行口令和手势时，对犬的刺激强度应因犬制宜。
② 犬的躺下训练应注意与坐、卧等科目结合使用。
③ 注意及时纠正犬的小毛病，如躺的动作不到位等。

犬的躺下训练

项目 2-15 犬的后退训练

犬的后退训练目的是让犬在各种复杂环境的表演中听到命令迅速完成后退动作的行为。要求犬后退的姿势正确，方向要正，表现兴奋自然，无其他不良多余动作。

一、口令和手势

1.口令
"退"。

2.手势
驯导员右手伸直向前，掌心向下，向外侧摆动手掌。

二、训练的方法与步骤

1.训练方法一
驯导员带犬到安静清洁平坦地方，在立延缓的基础上，将牵引绳一端拴在犬的项圈处，另一端系住犬的后小腹部，驯导员站在犬的右侧，左手拿后小腹牵引绳，右手抓犬的项圈处，发出"退"的口令，左手轻拉牵引绳向后上方，右手同时向后拉项圈。犬只要有退的表现或向后退几步就给予奖励。如此训练多次后，犬对"退"的口令即形成条件反射。

2.训练方法二
也可用诱导法使犬后退，对"退"的手势建立条件反射。带犬到熟悉的训练场所，先挑逗引起犬的兴奋性，然后将犬喜欢衔咬或吃的物品放在犬的头部后上方，左手牵训练绳发出"退"的口令，驯导员正面对着犬头走前几步，犬自然会向后退去，右手拿物品的同时手掌带动手腕，掌心向下向前摆动，犬如能后退 1～2m 就给予奖励游散。

3.训练方法三
驯导员牵犬到事先安排好的宽 40～50cm、深 30～80cm、长 10m 以上的土沟里。驯导员正面对着犬头，在犬立的基础上，正面迎着前进，犬在无法回头或转身的情况下只有后退。驯导员一边发出"退"的口令，一边发出"好"的口令奖励犬，犬很快就会对退的口令、手势形成条件反射。在此基础上可训练犬在复杂环境中后退。方法是犬在清静环境里形成条件反射后应到人多、噪声复杂的环境中进行训练，以增强犬在复杂环境中执行命令指挥的能力，为以后的表演任务打下坚实的基础。

三、训练的注意事项

① 训练犬后退的方法要有技巧，要因犬而异，刺激量也要因犬而用。

② 训练犬后退的能力、指挥距离与坐的方法一样，要讲究远近结合，诱导与机械刺激相结合。

③ 每次训练必须成功，不能失败，次数不宜超过 5 次。

犬的后退训练

 项目总结与思考

1. 犬坐下训练的手势应如何展示？

2. 助训人员的工作内容有哪些？

3. "诱导法"进行犬卧下训练的操作方法是什么？

4. 叙述训犬原则。

5. 犬站立训练的常见问题解决方法有哪些？

6. 犬随行训练中，应如何建立犬对口令和手势的条件反射？

7. 犬的脱绳随行训练应如何操作？

8. "强迫法"进行犬的前来训练应如何操作？

9. 犬延缓训练的操作方法与步骤是什么？

10. 如何进行禁止犬随地捡食的训练？

11. 如何进行犬拒绝他人给食的训练？

12. 如何利用"参照物"进行犬前进的训练？

13. 犬匍匐训练的方法与步骤是什么？

14. 如何利用犬的食物反射进行吠叫训练？

15 犬的脱绳游散训练应如何操作？

16. 如何培养犬衔取抛出和送出物品的能力？

17. 如何培养犬进行鉴别式和隐蔽式衔取能力？

项目 3

宠物犬的玩赏互动训练

 技能目标

　　熟悉犬接物、握手、舞蹈、乘车、跨越、绕桩、致谢等玩赏互动训练的操作方法、步骤和注意事项；能熟练进行犬接物、握手、舞蹈、乘车、跨越、绕桩、致谢等玩赏互动项目的训练。

项目 3-1　犬的接物训练

　　犬的接物训练又称衔取抛出物训练，是为了培养犬在空中接住抛出物品的能力，犬都喜欢玩这种游戏。灵活、敏捷的犬很易学会，有些犬则需要极大的耐心和信心，要求犬能在物品落地之前月嘴接住抛出物，而不能在物品落地后再叼起抛出物。需在反复练习中，学习和掌握接物的技巧。

一、口令

口令："接"。

二、训练的方法与步骤

　　犬喜欢运动的物体，所以大多数犬都爱做这种游戏。灵活、敏捷的犬如日本狐狸犬、可卡犬、边境牧羊犬等都极易学会，少数犬如罗威纳犬等在训练过程中则要给予足够的耐心和信心，在反复的训练中学习和掌握空中接物的技巧。

　　开始训练时，可以使用小块饼干或牛肉干。先让犬正面坐，然后拿出饼干或牛肉干让它嗅闻一下，并向后退几步，面对着犬，发出"接"的口令，同时把饼干向犬嘴的方向扔去。如饼干正好扔到它的鼻子上方，多数犬能用嘴接住，主人就让犬吃掉饼干予以奖励强化。如犬接不住，主人应迅速上前捡起落在地上的饼干，重新扔给它。只有犬在空中接住饼干，才可让其吃掉予以强化。几次练习后，犬就能明白，主人的动机是要求它在空中接住饼干，不久，犬就能熟练掌握这种游戏的技巧。

当犬达到上述能力后，主人就可以用1只球代替饼干进行训练，此时，犬的动机也不在饼干，而在于游戏。主人可让犬坐着或立着，拿出球对犬发出"接着"的口令，并将球抛向上方。由于犬已掌握了该游戏的技巧，常常能轻松地接住。随后，主人叫犬来到身边并吐出球，给犬奖励。如此经常训练，犬的游戏欲望越来越高，接物技能越来越熟练，并常常跳起在空中接住球。如犬出现这种反应，主人应充分奖励，并在训练中鼓励犬跳起在空中接物，来培养犬掌握起跳的时机和接物的技巧，直到犬熟练掌握为止。

接着，要培养犬在跑动中起跳接物的能力。可使用飞碟进行训练，开始飞碟的速度应较慢。主人站在犬的右前方，向犬的前方掷出飞碟，如犬成功地跃身衔住，主人应充分奖励，激发犬的兴趣。如犬不能接住，应重复训练，直至成功。随着犬的能力提高，主人应变换方向改变速度，来增强犬的接物能力。

三、训练的注意事项

① 此科目可在平时给犬饲喂颗粒料或零食时加以训练。

② 利用玩具或飞盘训练时，初期抛出的速度不能太快，以防犬跟不上而影响训练效果。

③ 玩具或飞盘的大小尺寸应与犬的体形相适应，一般不适合小型玩赏犬（如博美犬、吉娃娃犬等）和体态较胖、呼吸道较短的犬（如腊肠犬、斗牛犬等）。

项目 3-2　犬的握手训练

犬的握手训练是培养犬与人握手的能力，要求犬在听到驯导员发出握手口令或手势后能迅速伸出一条前肢与人握手。

不论任何品种、体形的犬，学习握手表演都是非常容易的。某些品种如北京狮子犬、德国牧羊犬等，甚至不必训练，当你伸出手时，它会把爪子递给你，这是它向你表明，它知道你要它干什么的表达方式。对其他犬，只要略加训练就能达到这一目的。

一、口令和手势

1.口令

"握手""你好"。

2.手势

伸出右手，呈握手姿势。

二、训练的方法与步骤

训练时，主人先让犬面向自己坐着。然后，伸出一只手，并发出"握手"的口令，托犬抬起一只前肢，主人就握住并稍稍抖动，同时发出"你好""你好"的口令，这是对犬的奖励，也是握手礼节所必需的。如此几次练习后，犬就会越来越熟练。当主人发出"握手"的口令后，犬不能主动抬起前肢时，主人要用手推推它的肩，使其重心移向左前肢，同时伸手抓住右前肢，上抬并抖动，发出"你好""你好"予以鼓励犬，并保持犬的坐姿。如此训练数次，犬就能根据主人的口令，在主人伸出手的同时，迅速递上前肢进行握手。在握手的同时，主人要不断发出"你好""你好"表示高兴的样子，夸奖犬以激发犬的激情。握手也是主人与犬进行感情交流的方式，犬对这个动作是容易顺从的。因此，在犬高兴时，会主动递上前肢与你握手。

三、训练的注意事项

① 对少数神经质明显的犬训练时，不能贸然伸手与之握手，以防犬伤人。

② 用食物引诱训练时，通常奖励食物与引诱物不能混用，奖励时机要恰当。

③ 利用机械刺激强迫犬伸出前肢时的刺激强度要适宜，以防犬的身体失去平衡而产抑制反射。

犬的握手训练

项目 3-3　犬的舞蹈训练

犬的舞蹈训练是为了使犬学会跳舞，加强养犬的乐趣，要求犬能抬起前肢，只用后肢在地上行走，并能随着音乐的节奏有转圈的动作。

训练犬舞蹈是一项优美的游戏，这种游戏源于犬的本能动作，尤其是伴侣犬如北京狮子犬很易学会。如果犬已学会了"站立"科目，则仅存在的难事就是如何让犬明白，主人不是要其站立，而是要其舞蹈。

一、口令

口令："舞蹈"。

二、训练的方法与步骤

主人首先令犬站起，然后用双手握住犬的前肢，并发出"舞蹈"的口令，同时，用双手擎住犬前肢来回走动。开始，犬可能由于重心掌握不住，走得不稳，此时，主人应多给予鼓励，并表现出由衷的高兴。当犬来回左右走了几次之后，放下前肢，给犬以充分的表扬和奖励。

经过多次辅助训练，犬的能力有了一定提高后，就应逐渐放开手，鼓励犬独自完成，并不停地重复口令"舞蹈"。

训练后期，在令犬舞蹈的同时，可播放特殊的舞曲。如此经常练习，使犬听到舞曲就会做出优美的舞蹈行为。兴奋的犬还会跳跃，向你致意或要与你同行，或要美味食品。

开始训练时间不要过长，一般只能训练几秒钟，在意识到犬可能支持不住时要停止训练，并给予奖励。随着犬舞蹈能力和体质的提高，可逐步延长训练时间，最终可达到3～5min。

三、训练的注意事项

① 本科目通常只适用于小型玩赏犬，不适用于大型犬的训练。

② 训练初期对犬的要求不宜过高，时间不宜过长，次数不宜过多，劳逸结合，容易养成对"舞蹈"口令的条件反射。

③ 跳舞应有转圈动作，防止在训练过程中犬只跳不转。

项目 3-4　犬的乘车训练

犬的乘车训练是为了培养犬上下车的能力，为带犬外出就诊、参展、参赛或长途旅行提供方便，要求犬能根据乘车口令准确、自然地做出上下车动作，而且保证连续行车不晕不吐。

一、口令和手势

1.口令
"上""下"。

2.手势
手指向车上或指向车下地面。

二、训练的方法与步骤

首先让犬熟悉各种车辆，消除犬对车辆的消极防御反射。训练初期，先训练犬上下踏板式摩托车，再训练上下汽车的能力。训练时，驯导员先将摩托车停好，手提牵引绳，发出"上"的口令，同时做出上车手势，令犬上车。如犬不能执行，则可轻提牵引绳强迫犬上车，也可用手推其臀部，协助其上车；犬上车后，立即给予奖励。反复多次，使得犬建立上车的条件反射。下车训练同样如此，只是将口令换成"下"，手势改为指向车下地面。在此基础上，可在启动摩托车后训练犬的上下车。

训练犬上下汽车的方法与训练上下摩托车的方法相同，但首先要让犬熟悉汽车车厢中的环境，在训练过程中可在车厢中放一些犬感兴趣的食物或玩具。在训练犬上下车门较高的汽车时，犬可能感到害怕，此时可先训练其学习跳平台，训练其根据"跳"的口令做动作。训练平台要由低到高，逐渐升高，要保证犬的第一次跳跃不能失败，否则会增加犬的恐惧感，驯导员可通过提拉牵引绳或托住犬的臀部来帮助犬完成第一跳。

三、训练的注意事项

① 一般不要进行犬上下自行车的训练，以防犬的摔伤。

② 有晕车现象的犬不能进行乘车科目的训练。

③ 犬在乘汽车过程中应少喂料，适量给水即可。

犬的乘车训练

犬的适应车辆声音训练

项目 3-5　犬的算术、识字、找国旗训练

犬的算术、识字、找国旗训练完全是一种表演性的科目训练，主要是利用犬熟悉驯导员特定的气味，从而完成算术、识字、找国旗的过程，要求犬能根据其他任何人提出的算术题或需要识别的汉字迅速而准确地做出判断。

一、口令和手势

1.口令
"算""认""衔"。

2.手势
右手指向标识牌。

二、训练的方法与步骤

在这个表演训练中，把写有不同数字或文字的木板插在一定范围内。这些木板必须

坚硬，每块大约长 0.2m、宽 0.1m，分别钉到长约 0.3m 的木桩上。为了便于看清木板上的数字，木板应用白漆涂上。

主人要求犬做算术表演。例如，他出一道题 10–7= ?

这时，犬走到插木板的地方，衔起写有 3 的木板，走回主人身边，意思是 10–7=3。

可以用首都城市的名字代替木板上的数字来表演。例如，主人可以要求犬找出写有某国首都城市的木板；也可以类似地使用不同国家的国旗来表演，要求犬找出某一国家的国旗。

以上这些表演，犬是通过区别气味来完成的，因犬能简单地搜索出主人的气味。换句话说，要求衔回的特定的木板或旗帜，在一定的范围内，由犬的主人做好，其他的则是别人放置的。

为了训练犬选择带有主人气味的旗帜，要求主人和助训员各拿一面旗帜，感染气味几分钟，然后主人和助训员把各自的旗帜置于相隔 0.6m 的地方，主人对犬发出"衔"的口令，犬很容易嗅出主人的气味，从而衔取感染过气味的旗帜。如果犬认定错误，主人应冷淡犬，令犬重新嗅认，一旦犬对相应的旗帜表现出兴趣时，就下"好"的口令以示奖励，并鼓励犬衔回。有些犬很容易掌握这项表演，所以，只要简单地训练一下即可。

使用两面旗帜训练，直到犬能稳定地找出相应的旗帜而没有任何困难。当达到这一能力时，可逐渐增加旗帜的数量，但要核实清楚，主人仅感染了一面要求犬衔回的旗帜，而且不允许别人接触你感染过的旗帜。

为了表演成功，最好在表演开始前把旗帜插在场内。将旗帜在地上插成一排，每面旗间隔约 0.6m 远。当然，其位置不要受其他表演干扰。不要担心旗帜上的气味会消失，它可以保留很长时间，一定比表演所需的时间长得多。

现在有一种更为精彩的算术、识字表演，前者是通过犬对主人的微小手势（不易被观众发现）来进行，后者仍是通过犬寻找主人气味的木板进行。方法是，先培养犬根据主人的手势吠叫，手指挥动一下，犬就吠叫一声，一定要一令一动。训练方法请参见本书有关章节。当犬具备上述能力后即可进行表演。主人先叫观众出一简单的算术题，如 2+3= ?，主人听到题后，算出得数并用手指指挥犬吠叫 5 次，犬一吠叫完毕，主人就应奖励犬，这既是表扬犬，也是让犬停止吠叫的暗号，以防犬过度兴奋继续吠叫而失败。为了表演生动、奥妙，主人可将题目的数字加大，但得数必须要小，如 1000 除以 200 等于几？然后指挥犬吠叫 5 下即可。这种方法还可广泛用于"说话"表演，即主人向犬问任何能用数字回答的问题，如"1 头牛有几只脚？""1 只鸡有几只脚？""1 只手有多少指头？"等之类的问题，然后再指挥犬吠叫相应的声数。这一表演的关键是主人指挥犬吠叫的手势应很微小，以致观众不能发现而感到赏心悦目。

识字的表演则更为简单，助训员先将所有的木板（含未写字的木板）排列于表演场内，有几块木板上不写字。表演时，拿其中一块没有写字的板，给观众写上要犬识的字，写好后，主人再放在所有木板中间，然后让犬找出该木板，说明犬认识该字，取走木板，可继续表演识字。其实，这个表演仍是犬找主人气味，是非常简单和成功的。

三、训练的注意事项

① 标识板要不易破损。

② 标识板表面要粗糙，质地要软，这样能较好地留住驯导员的气味。

③ 每次犬在找答案之前，驯导员可把正确答案的标识板握在手中几秒钟后让犬再嗅找，此时标识板上驯导员的气味能逗留30～60min，这样犬通常都能答对。

项目 3-6　犬的跨越训练

犬的跨越训练是培养犬跳过障碍物的能力，要求犬能根据指挥迅速跨过有一定高度的障碍物，并保证障碍物不被碰倒。

一、口令和手势

1.口令

"跨"。

2.手势

右手向障碍物挥去。

二、训练的方法与步骤

训练先从跳高30～40cm的障碍物开始。驯导员手提能引起犬兴趣的玩具把犬牵到离障碍物2～3步前处令犬坐下，然后持牵引绳一端，走到障碍物侧面对犬发出"跨"的口令，同时向障碍物的方向扯牵引绳，驯导员也可与犬一起跳过障碍物。当犬跳过去后，及时给予抚摸或食物奖励，重复3～4次。驯导员也可将玩具向障碍物的另一侧扔去，同时发出"跨"的口令。为了获得玩具，犬通常会顺利地跳过去；如犬不执行命令，可向障碍物前上方拉牵引绳，使犬跳过。

第二步要训练犬根据口令和手势独立跳跃的能力。先让犬在距离障碍物3～5m处坐下，驯导员手持伸缩式牵引绳的一端，跨过障碍物，面向犬发出"来"的口令，当犬接近障碍物时，立即发出"跳"的口令，并用牵引绳引导犬跳过。当犬能熟练跳过时，可转为直接用口令与手势，并逐步增加障碍物的高度，或根据需要训练犬跳跃栏杆、圈环、壕沟等。

当犬对一般障碍物有一定的跳跃能力后，驯导员可伸出右腿至一定的高度，鼓励犬跳跃，然后再逐步提高腿的高度，直至水平位置。采用以腿作为训练障碍的方法趣味性更强，在犬平时的训练中应经常使用。利用食物引诱法可令犬跳至一定高度与驯导员拥抱。

三、训练的注意事项

① 障碍物的表面要光滑，不能有铁钉、铅丝或木质的刺头等，以防犬在跳越障碍物时划伤犬的四肢皮肤。

② 采取强迫方式训练小型犬跳越障碍物时，刺激的力度要适宜，防止出现犬在地面滑行现象，从而使犬产生抑制反射。

③ 训练场地要平坦，防止犬在跳越落地时扭伤四肢。

项目 3-7　犬的睡觉训练

让犬进行睡觉表演是非常简单和有趣的，犬的睡觉训练是为了培养犬在清醒的情况下假装睡觉的能力，训练犬睡觉也是较容易的，尤其是学会了侧躺的犬。训练和表演所需的道具是只小枕头和一条小毯子，这样表演会更生动，更能让观众理解。要求犬能在听到口令的同时闭眼睡觉，睡姿自然。

一、口令和手势

1.口令
"睡"。

2.手势
左手食指指向犬床。

二、训练的方法与步骤

训练时，主人先令犬侧躺，侧躺训练参见本书有关章节。当犬躺下不动时，主人用手抚摸犬的额部，并轻轻将小枕头置于犬的头下，同时小声发出"睡觉"的口令，用手将犬的眼睛闭上。如犬抬起头，主人应把犬的头再次放到枕头上去，同时轻轻发出"睡觉"的口令，令犬侧躺在枕头上，并盖上小毛毯。该训练一定要有耐心，而且不能过分奖励犬，以防犬产生高度兴奋，而影响训练效果。开始睡觉时间应很短，随着犬能力的提高，睡觉时间应逐渐延长。在每次训练结束时，主人发出"起床"的口令，让犬起来。当犬习惯睡觉时，就要将枕头先放在地上，令犬躺到枕头上睡觉。犬睡到枕头上后，应给犬盖上毛毯，过一会儿令其起床，并稍加奖励，这样经常练习，犬就能明白主人的意图，并专心细致地进行睡觉表演。随着犬表演技能的提高，表演应逐渐到人多嘈杂的环境中锻炼，培养犬的抗干扰能力。当犬表演成功后，主人一定要当着众人表扬犬，增强犬的自豪感。

三、训练的注意事项

① 犬呈假睡状态时不能有动头、动爪、动尾等多余的动作。

② 将睡觉与回窝结合训练趣味性会更大。

项目 3-8　犬的致谢训练

犬的致谢训练是为了培养犬向人作揖的能力，要求犬能根据驯导员发出的口令和手势迅速做出谢谢或作揖的动作。

一、口令和手势

1.口令

"谢谢""作揖"。

2.手势

两手掌心向下，提至胸部，五指并拢，手指上下自然摆动。

二、训练的方法与步骤

"致谢"训练应在"站立"训练的基础上进行，对小巧玲珑型的犬如博美犬、玩具型贵宾犬来说很容易训练。训练时，驯导员在犬的对面，先发出"站"的口令，当犬站稳后再发出"谢谢""作揖"的口令，同时用手抓住犬的前肢，轻轻上下摆动，重复数遍后给予奖励。然后逐步拉大距离，发出口令，不用手辅助，让犬独立完成。

如犬不能执行命令，也可用食物引诱。将犬感兴趣的食物放到犬眼前上方，当犬想获得食物时就会用嘴去吃食物，此时驯导员可将食物慢慢地向犬头上方移动，并保证犬不能吃到。为了能顺利地吃到食物，犬会抬起前肢，努力地想获得食物，此时驯导员发出"握手"的口令，并用手握住它的前肢，上提并抖动，与此同时，以食物进行奖励。经过一段时间的训练，犬能做到驯导员发出口令后把站立和作揖的一系列动作一气呵成。

大型犬体重较大，不宜长时间站立，而且站立时身体很高，可能使人感到害怕，可进行坐着举足致谢训练。初训时，先让犬坐靠墙角，防止犬后退或后仰。也可由助训员站在犬的后面，令犬抬起前腿，与此同时驯导员发出口令，必要时可做些示范。根据犬的不同特点，适当刺激它的前腿，让其抬高，并逐渐延长时间。

三、训练的注意事项

① 要注意感谢与握手口令和手势的区别，不能相互混淆。

② 少数对主人依赖性强的犬在训练时需要先培养其对驯导员的依恋性。

③ 此科目训练的最佳时机应在犬呈半饥饿状态下进行，这样利用食物进行奖励时更有利于形成条件反射。

项目 3-9　犬的绕桩训练

绕桩在犬的敏捷表演中较多见，主要是为了培养犬平衡性和灵活性的能力，要求犬能根据指挥迅速而准确地做出绕桩动作，并保证不间桩、不跳桩。

一、口令和手势

1.口令

"绕"。

2.手势

右手食指指向需绕的木桩或树桩。

二、训练的方法与步骤

这是在犬较兴奋的情况下进行的一项训练，通常用来提高犬的平衡性和灵活性，除了利用人工制作的器械外，也可选择排列整齐的几棵小树进行训练。

训练初期，在平坦的地面上每隔 0.5m 立一根木桩，一般可立 3～5 根。驯导员用牵引绳控制犬，采取强迫的方式与犬一起进行绕桩训练，同时发出"绕"的口令，绕完所有木桩后给予食物或抚摸奖励，也可以"好"进行奖励。驯导员也可一手提牵引绳，另一手握犬感兴趣的玩具在前方引诱，同时发出"绕"的口令，诱使犬前进逐步绕过每一根桩，当绕完最后一根桩时，把玩具抛出，待犬衔回后再给予食物或抚摸奖励。如此反复多次，建立犬对绕桩口令的条件反射。

在犬建立对绕桩口令的条件反射后，可在每次训练的同时加入手势训练，逐步使犬建立口令与手势的神经联系，当犬能独立完成每一个动作后都要及时给予奖励，以增加其下次完成训练的勇气和信心。驯导员可以自己的双腿作为木桩，在缓慢前行中训练犬在腿间穿梭前行。采用此种方法训练时，驯导员可借助双腿的力量强迫犬绕腿前行，而且这种训练通常不需要其他辅助器材，也不需要太大空间，在家庭中即可完成，深得犬主人的喜爱。

三、训练的注意事项

① 用牵引绳强迫时，牵引绳要短，也可直接用手抓住犬的项圈，这样更方便控制犬只。

② 训练过程中，必须及时纠正犬的间桩、跳桩现象。

③ 以驯导员的双腿作为木桩进行训练的方法只适用于小型玩赏犬。

🐾 项目总结与思考

1. 犬接物训练的注意事项有哪些？

2. 犬握手训练的操作方法是什么？

3. 犬跳舞科目的初期训练应如何进行？

4. 犬乘车训练的注意事项是什么？

5. 犬跨越科目初期训练的操作方法是什么？

6. 叙述犬睡觉的训练方法与步骤。

7. 简述犬致谢的注意事项。

8. 总结犬绕桩训练的操作方法。

项目 4

宠物犬的不良行为调整

 技能目标

熟悉犬随地大小便行为、犬破坏行为、犬分离焦虑行为、犬恐惧行为、犬过度吠叫行为、犬乱咬东西行为、犬异食癖行为、犬扑人行为、犬攻击行为、犬护食行为等不良行为的产生原因；能熟练进行犬随地大小便行为、犬破坏行为、犬分离焦虑行为、犬恐惧行为、犬过度吠叫行为、犬乱咬东西行为、犬异食癖行为、犬扑人行为、犬攻击行为、犬护食行为等不良行为的调整训练。

项目 4-1　犬的随地大小便行为调整

引起犬在房间内排泄的行为异常主要原因有服从性排尿异常、兴奋性排尿异常、分离性焦虑引起的排尿异常等。当然，疾病引起的排泄行为异常可以通过临床症状、病史和必要的实验室诊断来区别。

一、产生原因

1.服从性排尿异常

有些犬将蹲伏或排尿看作是欢迎或服从人的举动，因而，在欢迎人时常表现蹲伏或排尿。当某人进入房间，走向或抚摸犬时，犬常蹲伏、排尿并伴随着抿起耳朵、夹着尾巴和侧躺地面，幼犬通常呈现出这种行为，如主人放任它，这种行为形成更快。惩罚可能加剧或促进这种行为的形成，抚摸或温顺地对犬讲话虽可中断犬的排尿行为，但对其他行为起到了强化作用。在这种情况下，通常应不理会犬的行为或更改犬的欢迎行为，如让犬去追赶一个球或玩一个玩具。如果这种行为牢固，可使用逆条件反射。首先找出引起这种行为的刺激，如人的外貌、姿势和位置。然后，将这些刺激作用于犬，若犬站着而不蹲伏则应获得奖励。

2.兴奋性排尿异常

每当犬兴奋时，无论是站着或蹲伏均会排尿。引起兴奋的刺激可能是欢迎的状态、玩耍或声音。对于这样的犬，主人既不要惩罚，也不要抚摸或与犬谈话，以防强化犬的这种行为。治疗这和异常行为时，首先要识别引起这种行为异常的刺激，然后，当这种刺激存在时，应调节犬以保持安静。

3.分离性焦虑引起的排尿异常

犬与主人分离后可由于忧虑而排便。分离性忧虑的特征表现在主人与犬分离的这一短暂时间内犬所表现的行为，这些行为表现了犬对主人的极度依恋，寸步不离地跟着主人。犬精力极度充沛，当主人归来时欢迎时间延长，当主人准备外出时提前表现出分离性忧虑，如踱步、流涎或发抖，当主人外出后常常不食。

二、调整方法和步骤

1.排便训练的时机

从宠物犬来到家的第一天就应当开始训练它在固定时间、地点大小便，由于幼犬在4月龄以前，自己控制排便的能力较差，当膀胱充满尿液后，或者遇到刺激和干扰时，就会随地排便，有的幼犬到新主人家中后到处撒尿，实际上是用尿在新环境中圈定自己的势力范围，主人应当立即制止这种行为，免得它养成不良习惯，污染空气。在正常情况下幼犬每天要小便 10~20 次，大便 4~5 次。

训练犬大小便一定要掌握时间，一般是在早晨起床、喂食以后或晚上睡觉之前，幼犬在进食后比较容易想上厕所，因此幼犬吃饭后 10~20min 时要带它到固定地点，当它有大小便意图时就给予鼓励。时间长了，宠物犬就会明白这是主人喜欢它做的事，吃饭后就会自觉地到这个地点上厕所。一旦宠物犬在你希望的地方上厕所，要说"好乖"或"好棒"给予鼓励，给它一点心理上的满足。如果在训练中发现宠物犬在没到达固定地点就已经排泄了，也不要给予过于严厉的处罚，因为在排便训练的过程中应多加强正面回馈，称赞和鼓励可以让宠物犬记住哪里可以大小便。不过在训练时不要忘了宠物犬是不会联想的，鼓励一定要及时，不然宠物犬不会知道你为什么鼓励它，它做了什么事情让你高兴了。

2.室内大小便训练方法

刚刚出生的幼犬和成犬在来到新环境时都应该接受大小便训练，可选择家中比较容易清理的地点，如厕所、阳台等。如发现宠物犬在室内地上东嗅西闻或是钻到床底下等处，围着一个地方打转，扭动屁股，塌下腰站着不动，或要抬起后腿，这是它马上要大小便的动作象征，应该立刻制止它这种随地大小便的恶习，将它带到一个固定场所让它排泄，并用手轻拍爱犬的头，以示嘉奖。

（1）利用报纸进行大小便训练的方法　最开始训练幼犬大小便时，在幼犬成功排便后，不要马上把沾有排泄物的报纸收走，这样可以用气味帮助幼犬记忆，让它学得更快。每天在同一时间进行训练，最后宠物犬就会在固定时间大小便了。

另外，使用引便剂是一种最简单的训练方法。引便剂是一种喷剂，常用来训练宠物犬在固定地点大小便。它利用宠物犬有将排泄物排到能闻到相同气味的地方的本能研发而成，使用时只要在报纸上喷洒即可。

当发现宠物犬有大小便的意图时不要有肢体上的打扰，而应该在第一时间给予"真乖"或"好棒"等语言鼓励。当宠物犬排便结束时，还应给予拥抱、抚摸等鼓励，目的是让宠物犬喜欢并愿意为得到这种鼓励而重复在这里大小便的行为。宠物犬能自觉在报纸上大小便后可慢慢减少报纸数量，直到即使铺一张报纸宠物犬也能准确地在报纸上大小便时，你就成功了。

（2）利用犬便盆进行大小便训练的方法　便盆要重一点，以免被幼犬无意中碰翻，训练中应注意不能让幼犬便在盆外。若家中有蹲便器，也可利用此方法进行训练。家中没有人时，厕所门不要关紧，应留有幼犬能自由出入的空隙，以便它能顺利地在便盆内排便。

3.围栏内排便训练的方法

在幼犬完成笼内训练之后，可利用幼犬不会在自己睡觉、吃饭地点大小便的爱干净的天性，对它进行围栏内的排便训练，学习定点排便。幼犬习惯在围栏内排便后，可渐渐减少报纸的数量和覆盖面积，训练它在有报纸的地方大小便。如果一切都很顺利，可继续减少报纸，直到只放一张报纸，若不成功可多重复几次上一步的训练。将围栏拿开，若幼犬仍在报纸上排便，那么训练就完成了，以后幼犬就会习惯在有报纸的固定地点大小便。不管在什么环境，只要将报纸放在地上，想上厕所的幼犬就会自然地在报纸上解决。根据进食情况成犬每天可重复训练 2~3 次，幼犬可训练 5~6 次。

较活泼的幼犬可能会在围栏内玩耍或咬报纸，这时主人应坚决制止，不要让幼犬以为在围栏内就应该咬报纸。主人尽量不要理会幼犬，也别跟它玩，这样幼犬觉得无聊时就会大小便了。

项目 4-2　犬的分离焦虑行为调整

严格来说，分离焦虑症其实并不是一个行为，而是一系列行为的综合表现。一般来说，促使犬出现分离焦虑症的诱因通常与主人的生活节奏发生重大变化有关，特别是当主人与犬相处的时候发生骤然的变动。例如，当主人因为身体原因（养病或者休产假）或者工作原因（离职待业或者长期休假等）长期赋闲在家，在这期间能够做到长时间陪伴犬，但是当假期结束或者新工作入职，主人不再能像之前那段时间一样整天与犬做伴，这种突然的变化会给犬带来极大的精神压力，进而出现分离焦虑症的各种表现。

出现分离焦虑症的可能性与犬的品种、年龄关系不大，任何年龄的任何品种都有可能在环境发生剧烈变化的时候出现分离焦虑的症状，而曾经有过流浪经历、性格比较敏感的犬尤其如此。

一、产生原因

由于精神上的压力，犬会表现对自己平时所喜欢的事物失去兴趣，即使是面对喜欢的零食或者犬粮都无动于衷。其实恰当地使用食物是可以帮助犬改善环境变化所带来的紧张情绪的，但是绝对不能像平时喂犬一样直接把犬的食盆放在它面前。

在分离焦虑期不停吠叫的犬内心是充满恐惧的，而吠叫这个行为本身会让犬感到一定的放松，这就如同有些人在自己一个人走夜路害怕的时候会大声唱歌一样。不过，如果犬是居住在公寓里，那么这种吠叫就会成为邻居关系不和的一个重要导火索，主人很可能会因此遭到投诉。此时我们不能用处罚的形式来改正犬的行为，因为你不能因为害怕而处罚它，这只会让它更加害怕。

即使是已经接受过训练并养成良好卫生习惯的犬也可能出现这种让主人讨厌的行为。犬的尿液中含有丰富的信息素，除了叫声之外，这也是它们向外界传递信息的一个重要方式，在情绪比较紧张的时候，它们会用尿液表示自己的情绪。但是主人没有解读犬尿液中信息素的能力，所以犬非但没有让主人明白自己希望表达的意思，反而还激怒了原本就已经不高兴的主人——有些主人会用处罚的方式希望改正犬的这个行为，可有很多犬反而变本加厉，因为它觉得更有必要与主人"交流"。

犬会因为环境中的单调、紧张的精神压力而出现舔脚掌舔到皮肤红肿、咬尾巴咬到被毛脱落，甚至更严重的自残行为，这除了是分离造成的焦虑表现之外，还有可能是生活空间过于狭小，环境单一造成的。

破坏行为是犬分离焦虑症的典型表现之一，破坏的对象包括家具、建筑物材料、主人的衣物等。这些破坏行为本身是由于咀嚼和撕咬的动作对于犬有安定的作用，因此它们会"痴迷"这些行为来缓解自己因为环境改变带来的压力。撕咬主人的个人衣服，如鞋子、袜子或者内衣等，这主要是由于与这些带有主人气味的衣物互动的过程中，犬同样会感到放松。

以上提到的这些典型表现是分离焦虑症案例当中最常见的，但是单一的行为并不一定是分离焦虑症，例如原本行为良好的犬在主人不在家的时候随地大小便也可能和泌尿系统病变有关，所以在评估的时候需要兽医师进行确诊，排除身体疾病的可能，最好的办法是利用录像设备录制下当主人不在家的时候犬的行为，通过录像上的各种信息来分析犬各种行为的具体原因。

二、调整方法和步骤

在临床上，医生会使用一些抗焦虑的药物来缓解犬的分离焦虑，但是这种药物治疗的办法并不是最佳方案。合理的方法是通过有计划地训练来改善犬的表现，即使是再黏人的犬也能坦然面对独自在家的情况，主人最需要做的是调整自己的心态，绝不能一看到犬出了问题就觉得它已经无药可救，于是就将它送到留检中心，甚至将犬遗弃。

在利用训练的方法来改善犬的分离焦虑症时，主人需要做的事情包括以下几方面。

1.让离家的"仪式感"没那么强

绝大多数人在准备离家之前都会有一系列的准备工作，这些工作通常是固定的，包括更衣、换鞋、拿钥匙等。当犬发现这些信号与你接下来要离开家留下它自己独处之间的关系时，这些信号本身就会变成让犬焦虑的符号。我们建议主人可以打乱这些事情的次序，让犬对这些事情联想不到那么糟糕，这可以减轻犬的压力。

例如，在刚刚到家或者准备离开家之前，不要很戏剧化地跟犬问好或告别，而是尽可能地低调，等到了玩耍时间，无论你用多夸张的肢体动作和犬互动都无所谓，但是不要把见面和告别与玩耍时间混为一谈；平时离家之前的一些准备工作要提前做好，吃早饭的时候就把钥匙准备好，或者打开车库门，而不是在准备离开的时候才做；也可以偶尔穿着居家服出门，或者穿着正装在家里，混淆犬对这些信号的联想。

2.训练犬学会等待

等待的意思是犬必须要在指定地点保持安静，直到主人给出了代表"解散"的信号。学会这个信号之后，有助于开展接下来的训练工作。

3.模拟离家的场景，让犬适应你不在的情形

在等待的基础上，你可以使用笼具或者其他的封闭房间把你和宠物隔离，最初可能只要很短的时间，当犬表现得安静、镇定的时候再把它放出来，之后慢慢延长隔离时间，这样的训练可以保证无论你在不在场，犬都会表现良好——前面提到要训练犬学会等待，也是为了这个环境而做的准备工作。

4.益智类玩具可以有效地帮助犬舒缓压力

其实玩具在缓解宠物的分离焦虑症时是非常有帮助的一个工具。很多宠物主人单纯地将玩具理解为犬玩耍的东西，但是，犬从玩具身上得到的不仅仅是乐趣，还有天性中本能的满足。恰当地使用玩具，特别是益智类的玩具可以让犬把注意力从关注主人离家后自己独处一室的这个情形转移到食物和玩具上，从而舒缓犬的压力。

5.正确使用航空箱，能够让犬感到安全

很多宠物主人对航空箱的理解就是用来托运犬的工具，或者是用来关犬禁闭的一个"牢笼"。其实，在养犬家庭当中，航空箱除了用于宠物托运之外，它也有着非常实用的训练作用。因为犬的祖先是穴居动物，对于它们来说，一个半封闭、略带压迫感的"洞

穴"式空间更容易让它们感到安全，越是空旷的地方反而越有"杀机四伏"的威胁，无法让它放松。正确地使用航空箱，至少可以让犬在紧张的时候有一个感受安全的容身之处，就不那么容易出现极端的反应了。

以上提到的这些内容，主要是要求主人从意识上有所改善，真正在实际的训练过程中，还是要通过专业的训犬师、兽医师的帮助才能做到。如果你有一只自己在家时就不停吠叫吵得四邻不得安宁的犬，你不需要给它做声带切除手术，更不应该将它遗弃，而是要寻求专业人士的帮助，理解你的犬的需求，并对此做出应对。有些做法看起来也许无足轻重，但是只要找准了问题的关键，就能四两拨千斤，同时也能给主人和犬换来一种更安静、和谐的生活。

项目 4-3　犬的破坏行为调整

很多养犬者都有一个烦恼，那就是自己的犬经常喜欢搞些破坏，也不知道是什么原因。比如说，平时生活中就非常喜欢乱咬，你的衣服、鞋子、窗帘、桌椅板凳等都逃不过它的嘴巴。有时候犬虽然很可爱机灵，但是喜欢搞破坏的犬还是很让主人生气恼怒的。

一、产生原因

1.分离焦虑导致的破坏行为

犬天生会对家庭里的成员和其他动物产生依赖性，但是这种依赖性有时也会转换为破坏欲——因为家庭成员不在身边，犬在依赖对象突然消失之后会产生焦虑，这种焦虑得不到缓解的时候就会转变为破坏冲动。破坏的对象有可能包括室内家具甚至犬自己，此外犬还会出现在室内便溺（即使是训练有素的犬也无法避免）、狂吠、刨掘障碍物（有可能是室内的门或者犬窝的围栏），还有过度躁动。通常情况下，对于一只依赖性较强的犬而言，当主人离开犬超过 15min（最长 40min）以后，犬就会表现出上述行为。

2.精力过分充沛且得不到释放

犬每天都需要大量的运动来消耗自己的精力，很少看到一只犬能够安静待着，除非是它玩累了或者生病了，热爱运动是犬的天性，不管是成犬还是幼犬。当犬体内聚集大量的能量而无处发泄时，其可能会通过啃咬、咀嚼物品的方式释放能量。

3.幼犬的破坏性行为

许多饲主发现，较大的幼犬会有一段时间破坏力特别强。它们最爱的目标是拖鞋、手套、主人的裤脚，不管幼儿玩具、报纸、杂志，甚至是早上送到门垫上的信件也会遭殃。除了乱咬和嚼烂上述物品，幼犬还会猛力甩动它们，好像要置之于死地。幼犬会将纸张彻底撕成碎片，仿佛把纸张当成死鸟，必须拔掉烦人的羽毛。有些饲主恼怒地发现，如果有邮件遭到攻击，倒霉的总是饲主比较感兴趣的信件，账单却完好无缺，实在令人生气。

二、调整方法和步骤

犬的破坏性行为矫正的方法要对症施治，首先要确定破坏行为发生的原因，然后根据不同的情况采取不同的方式。针对分离焦虑症导致的破坏行为详见犬的分离焦虑行为；对于犬因运动量不足导致的破坏行为应增加运动，帮助犬只释放体内积聚的能量；对于幼犬破坏性行为，最好为其提供专用的磨牙、咀嚼、玩耍用品。如对于犬经常破坏的物品，要移走，放在犬接触不到的地方。对于那些没有固定破坏目标的犬，除了前述方法外，还要采取必要的惩罚手段。

除此之外，最为重要的是教会犬的禁止性口令"NO"，在犬破坏非允许性物品时，直截了当地对犬的破坏行为予以禁止，让其明白破坏行为是不受主人欢迎的。

项目 4-4　犬的恐惧行为调整

恐惧的调整是使犬承受不引起害怕反应的害怕性刺激。其调整方法有多种，但基本原理相同。脱敏和逆条件反射是治疗犬的害怕和恐惧的传统方法。适应或预防常用于治疗人的害怕反应，也可用于治疗犬的害怕反应。在治疗结束时，动物在不害怕的状态下经受了害怕性刺激。当动物对某种刺激永久性地表现害怕反应时，从理论上讲，转移动物或害怕性刺激是可行的。如果兽医选择适应作为治疗方案，则应告诉主人其治疗期较长。

一、产生原因

1.恐惧声音的原因

恐惧反应即害怕反应，是一种和真正威胁的刺激不相符的反应。有些犬惧怕雷声，以致跳出玻璃窗或门，以躲避雷声的刺激。在雷阵雨期间，有些犬从建筑物的高窟中跳出，并使用下颌企图打开门，损坏家具，甚至轻度麻痹而倒地。犬为了躲避刺激，常自身遭受严重的损伤，其环境也被破坏。

2.恐惧人的原因

犬恐惧人的面部表情和姿势是众所周知的。犬害怕时表现缩头，抿起耳朵，尾巴夹到两后腿之间，也可能卧下或蜷缩到一旁，还可能龇牙咧嘴和躲避人眼睛的直视，并渐渐地企图逃避害怕性刺激，但若犬处于困境或产生矛盾心理，就会出现被动性攻击。被动性防御是犬攻击人的常见原因之一。犬也能像人一样，同时表现几种情绪，换句话讲，能同时完成 2 种以上的行为。犬虽害怕某人，但这可激发犬保护其仔犬或其领域。犬的行为可能既表现害怕又表现攻击，或两者快速交替进行。

如已确诊了犬恐惧人，则需要确定引起犬害怕的刺激程度，如人的外表、运动、环境或场所等。如果使用脱敏和逆条件反射来治疗，应根据刺激的程度来作用于犬，即在不引起犬害怕的状态下，将害怕性刺激逐渐作用于犬。例如，对人的性别来说，犬可能更害怕男性，对有络腮胡子和见过面的男人来说，犬可能更害怕前者。距离也是一个因素，如某人站在距离犬 5.7m 处，犬可能不害怕他；若站到 5.6m 处，犬开始表现焦虑；如站在 5.1m 处，犬明显地表现害怕反应。又如某人若站着不动，犬不表现害怕，若他向犬接近，犬可能表现害怕。犬也可能害怕人接触或害怕接触其身体的特定部位。治疗可以先制定刺激程序表，并确定害怕性刺激的强度变化率，但这些刺激仅在脱敏和逆条件反射过程中被验证。

二、调整方法和步骤

1.恐惧声音的调整

脱敏和逆条件反射技术已成功地用于治疗犬对雷声的害怕，并且为治疗其他害怕提供了一个良好的模式。犬惧怕反应的程度随着雷声的远近、强度和消失而变化。当雷声有一定距离时，犬呈现中度的焦虑症状如踱步、流涎和肌肉震颤。随着雷声强度的增大，犬的惧怕反应也加大。当雷声消失后，犬的害怕反应也消失。犬在对各种形式的刺激（包括雷声在内）反应中，很明显，声音是较强的刺激之一。

积极的治疗包括应用美味食物奖励犬，当人工雷声产生时即声音强度逐渐增加或减弱，如果犬保持安静，则应受到奖励。应该人工控制带有雷声的环境，以使犬不产生害怕反应，只要犬保持安静，就应得到食物奖励。如果犬呈现神经质，犬就不能获得任何奖励，兽医或主人也不应抚摸犬或与之谈话来试图减轻犬的焦虑，因为这些举动都可起到增加焦虑的作用。如果犬很快习惯中等强度的声音，则应得到奖励；如犬不习惯，则应减小音量，直到犬重新习惯，等犬习惯一会儿后就应用食物奖励。随之缓慢增大音量，以致犬不产生害怕反应。该音量维持时间 20～30min，几天后重复这一治疗过程，直到主人熟悉在什么时候应奖励犬，什么时候不能奖励为止。应逐渐地减少对犬的奖励。有的犬忍受 2～3 次雷声之后获得 1 次奖励，在 2 次奖励之间应间隔几分钟。这种治疗过程应在多种场所里进行。当犬能忍受响亮的录音之后，一般就不再害怕真正雷声。

2.恐惧人的调整

在应用脱敏和逆条件反射治疗之前，主人应训练犬练习"坐"延续。在这之前，犬应预先学会坐或卧延续，并表现自然或无任何害怕反应，能获得精美食物的奖励。在治疗时，当发出能引起微弱害怕反应的刺激时，若犬保持安静且不出现任何害怕，则应获得精美食物奖励。治疗过程中，只要犬不害怕发出的刺激，均应获得食物、抚摸或其他奖励。

如果已经查明犬害怕男人甚于害怕女人，害怕活动的人甚于不活动的人，犬处在角落里比在房子中间更容易害怕，因而，应用脱敏和逆条件反射治疗时，首先在室外或在宽敞的房子中进行，让女性距犬一定的距离自然站立。当该女士逐渐向犬靠近时，若犬不表现任何恐惧症状（如抿耳、颤抖或后退等），则应该获得奖励。接着，该女士进一步向犬靠近，并可增加一些动作刺激（如举手、放下手臂、手伸向犬或摇头等），若犬能忍受这些活动则应充分奖励犬。最后，该女士应靠近犬到伸手能抚摸犬的头部，此时，她应让犬看到手中的食品，并慢慢地喂给犬。这样，该女士可小心地、缓慢地抚摸或抚拍犬体的其他部位。

犬即使表现出很轻微的恐惧迹象，也不应给其精美食品，但应停止增加刺激的强度。如果发生这种情形，她必须等待并观察犬是否习惯，只要当犬的耳朵或身体恢复正常姿势就应获得相应食品奖励，若犬仍表现不习惯，该女士应走回去，当犬恢复到非害怕状态时，不要立刻给予强化，因为这样会无意识地强化了犬刚才的害怕行为。相反，该女士应向犬做出轻微的动作，如犬能忍受这一动作的刺激则应获得奖励。

引起犬害怕反应的刺激不仅包括视觉上、听觉上、场所方面、与犬的距离和手臂的运动，而且这些刺激的持续时间是引起害怕反应的一个因素。如犬只能忍受瞬时的害怕性刺激，则最终会变得恐惧。最好经常保持相对短的治疗时间（5～20min），尤其是接近的人在犬身边的持续时间。

项目 4-5　犬的过度吠叫行为调整

吠叫是犬的一种本能。犬用吠叫来表示兴奋、招呼、警告、恐惧、痛苦不安或是感到厌倦等情绪。

一、产生原因

犬吠叫的原因很多，如犬在寂寞无聊的时候，吠叫有时是发自对他人的警戒心，有时是想去散步时对主人的催促，还有的是发自对大的或陌生声音的一种恐惧心理等。此外，老犬还会因睡眠不好、过分敏感（感觉功能紊乱）而吠叫，当然有些犬也会莫名其妙地吠叫。吠叫是城市宠物饲养中最头痛的问题之一，所以必须对犬的吠叫进行训练。虽然训练方法有许多种，但禁止犬无故吠叫是犬所有训练中难度最大的。

二、调整方法和步骤

1.呼唤吸引

每当它刚开始吠叫的时候，就喊它的名字，以此吸引它的注意力。要让犬觉得注意主人比吠叫更加有意思。切忌在犬大声地吠叫时，主人跑过来训斥它的行为。对于在室外饲养的犬，这样做会使它产生一种印象，只要一吠叫主人就会来到跟前。与被训斥相比，主人能到自己的跟前来会令它更愉快，因此它会叫得更起劲。对于在室内饲养的犬，如果在无故不停地吠叫时被主人训斥，犬会因为不明白被训斥的原因而继续吠叫。

2.动作警告

犬无故吠叫时要给予动作警告，向上提牵引绳，给犬严厉的警告；抬起爱犬的下巴警告。

3.惩罚与奖励

当犬吠叫的时候，边大声地制止它，边用水枪射它的脸来惩罚。受训过后，犬如能安静下来，要及时夸奖。无论惩罚还是夸奖都要及时，要让犬明白怎样做才会受罚，怎样做才会受到夸奖。

另外，要研究分析犬吠叫的原因，针对犬吠叫的原因寻找制止的办法。例如犬对着窗外的行人或车辆乱叫时，可以在散步的时候，故意带它到人多的地方去，让它习惯这种环境等。

总之，训练必须从幼犬开始，而且要查明吠叫的原因，采取适当的方法。纠正犬吠叫要持之以恒，否则会让犬认为是在玩游戏，因此叫得就更厉害了。

项目 4-6　犬的乱咬东西行为调整

犬乱咬东西的行为会给家居造成很大的破坏。对于幼犬来说，刨掘、啃咬或抓挠物体是一种正常的游戏行为。因为幼犬处在长牙期，会由于牙根痒而诱发这类行为的出现。随年龄的增长这种行为会逐渐消失。成年犬的这类行为却是异常行为。

一、产生原因

产生这种异常行为的原因很多，但主要与犬的情绪状态有关，如孤独、烦恼及环境噪声，主人莫名的责骂，与主人分离或吸引主人注意等。另外，有个别犬可能已形成恶癖，不分时间、场合都可能出现这种破坏性行为。这类行为的表现方式也多种多样，有的犬可能只是对某一种物品或在某一地点出现这种行为，而有的犬可能没有什么固定目标。

二、调整方法和步骤

纠正时，幼犬和成犬要采用不同的办法。对于幼犬，可采用给它充足的供其啃咬的玩具，并增加陪伴犬的时间等办法解决。这样做不仅可以满足它啃咬的需要，而且可以使犬情绪稳定有安全感。对于成犬，可采用两种方法，一种方法是移开和惊吓。要把犬经常破坏的目标物品移走，或在该物品旁放置一个倒放的捕鼠器，一旦犬啃咬，捕鼠器就会弹跳而将犬吓跑，多次以后，犬就不敢啃咬该物品，另一种方法是训练。给犬系上犬绳，牵犬到喜欢啃咬或叼衔的物品附近，放松牵犬绳让犬自由游玩，当犬要啃咬和叼衔这些物品时，立即发出"不"的口令。同时用手轻击犬嘴或急扯牵犬绳予以制止。如犬不啃咬物品，以"好"的口令和抚摸犬头颈等方式予以奖励。这样反复训练多次之后，犬会逐步改变这种错误行为，不再乱啃乱衔物品。

项目 4-7　犬的异食癖行为调整

异食癖是指犬有意识地摄入非食物性物质，例如碎石、泥土、橡皮、粪便等（母犬在哺育仔犬时，吞食仔犬的粪便是一种正常的行为，目的是保持犬窝的清洁和回收部分营养）。异食癖不但极不卫生，还可能引发胃肠疾病。

一、产生原因

① 营养不足，比如缺少维生素、无机盐等，或者缺乏蛋白质。
② 有的纯粹是一种癖好，由于平时喂食不当养成了不良习惯，比如有人喜欢把食物扔在地上，让犬捡食。
③ 内寄生虫病（蛔虫病、钩虫病等）的毒素可引起异食癖。
对于缺乏营养物质造成的异食癖，可在饮食上做适当的调整；对于已经养成不良习惯的犬就一定要强制它改正。

二、调整方法和步骤

由缺乏营养物质造成的异食行为，可通过补充营养物质来纠正；非营养性异食，可采取惩罚的方法矫正。
直接惩罚法是将异食物拿到犬的面前，当犬摄食时，立即大声斥责和击打，并将该物拿走。过一段时间，再将异食物移至犬面前，如仍要摄食，要再予惩罚，直至犬不再摄食为止。
有的犬慑于主人的惩罚，主人在时不敢摄取，主人不在时可能又恢复原状。这时要采用间接惩罚法，如在异食物上涂撒辣椒粉等刺激性强而对犬无害的物品，使犬摄入后感到辛辣难受，而不敢再吃；或用喷水枪纠正，即主人拿几支装满水的喷水枪，藏在隐蔽处，发现犬欲摄入异食物时，立即向其喷水，使犬因受到惊吓而逃开。这样反复几次以后，犬就会克服掉异食癖。必须注意不要让犬看见喷水的动作，防止让犬将喷水与主人的惩罚联系在一起，而应当让犬以为是它的摄食异食物的行为直接引起了喷水。

项目 4-8　犬的扑人行为调整

一、产生原因

宠物犬长时间未见主人，内心兴奋之情难以抑制，因而扑向主人，往往我们觉得这种行为非常可爱，但对于饲养大、中型犬的朋友来说，就可能有被扑倒的危险。因此，建议从爱犬小时候开始矫正其扑人的习惯，避免以后带来意外和烦恼。

二、调整方法和步骤

当宠物犬要扑过来时，主人应该蹲下，与它的视线保持水平，然后抚摸它一番。有些幼犬如果还是不能安静下来的话，这表明它非常渴望有人陪它玩，那么就花上三五分钟，摸摸它，让它尽兴地玩个够吧！如果它尽兴玩耍后还继续扑人，那就应采取措施让幼犬知道"扑过来不是好玩的"。

① 当宠物犬扑过来时，稍用点力握住它的两只前脚，让它感到疼痛。

② 当宠物犬扑过来时，同时向前迈一步，把它顶倒在地上。

③ 当宠物犬扑过来时，悄悄地轻踩它的后脚。这样，就给宠物犬造成扑过来不是件高兴事的印象。

这些方法并不是虐待宠物犬，只是让它感到不适而已，因此要掌握力度，禁止动作过于粗暴。在室外饲养的宠物犬一般是希望得到主人的爱抚才扑过来的，同样主人应在接近宠物犬的视线的位置蹲下来，然后摸摸它的前额和下颌。在训练过程中，切忌训斥和发怒。如果你的宠物犬已经训练完"坐下"命令，当它要扑上来时，马上命令它坐下，然后走到它身边，摸摸它，让爱犬明白听从主人的话，就会得到主人的喜爱。

项目 4-9　犬的攻击行为调整

犬的攻击行为对于犬来说并不一定是坏事，因为攻击是一种保护自身安全、财产安全、领导地位安全的重要方式。但是从主人的角度来看，作为家庭宠物的犬只如果表现出攻击行为，无论出于何种目的和意图，都会对主人造成极大的困扰。犬的攻击行为原因有很多，如出于占有欲导致的攻击行为（嫉妒心理、食物占有欲、领地占有欲、争宠、争夺配偶等），出于支配欲导致的攻击行为，出于疾病、疼痛、情绪低落导致的攻击行为，出于护主或护仔心理导致的攻击行为。

一、产生原因

1.嫉妒心理导致的攻击行为的原因分析

嫉妒性攻击是在主人厚此薄彼给予犬只关爱，作为高级别的犬只没有获得高级别礼遇的情况下发生。一只平时很老实的犬，在发觉主人喜欢其他犬或人时，或多或少都会表现出嫉妒心理。有的表现精神沮丧，不爱动，或注视主人和"新宠"；有的则表现异常攻击行为，不时发出低沉的吼声，表示不满，企图赶走"敌人"。如果无效马上就会动口，直到咬走对方。有时出于对主人的畏惧，主人在时表现平静，主人一离开就原形毕露，开始攻击行为。对于攻击对象可以是除主人以外的任何人或动物，所以对其他宠物和小孩要有防护措施。

2.领地性攻击行为原因分析

领地是犬日常生活的场所，食物的获取、繁衍后代、休息等主要发生在犬的领地范围之内，是犬誓死要保卫的内容之一。俗话说狗不嫌家贫，这一点是由犬的领地意识造成的。主人家的每块地方都是自己的领地，任何陌生人或动物的进入都是对自己的侵犯。具体表现为：门一响就叫，陌生人进屋就扑咬等。

3.犬优势性攻击行为的原因分析

临床最常见的病例是犬的优势攻击行为，主人常常叙说他们无缘无故地受到犬的攻击，然而，详细的病史表明了犬的攻击行为与优势序列有关。优势攻击行为常发生在未去势的2岁左右的纯种犬，母犬和杂交犬偶尔也出现。

优势攻击行为可表现在对家庭中某些或所有成员，犬可能不攻击强者。犬的优势攻击与接近犬的"必须要素"有关，犬的这种反应即为优势现象。"必须要素"是指犬生存和繁殖的最大可能性的必要条件，包括食物、饮水、休息处及犬特别喜爱的人和动物等。这些犬常常护食或保护上述的条件。在游戏过程中，主人可与统治地位的犬交换物品，而不遭到攻击。偶尔，占优势的犬将在特别喜爱的人和犬之间参加干预。最初，人在距离优势犬较远时，该犬仅发出攻击信号，如妨碍其在床上或椅上睡觉时常常嗥叫；随后，仅仅是在走近它时遭到攻击。

常常能引起攻击的刺激包括抚摸、修饰、按压、牵拉、试图使犬躺下、约束、戴上或拿去牵引绳或项圈等。

最初，攻击可能是温和的、间歇的。随后，在许多情形下，犬的攻击变得更频繁、更强烈。优势攻击的犬倾向于通过逐步升级的攻击来抵抗对它的惩罚或威胁。许多作者详细描述了优势攻击犬的品种特性、面部表情、身体姿势和吠声的音调等。优势攻击的信号是发出"呼呼"声、龇牙咧嘴、嗥叫或吠叫、猛扑、被动性的猛咬或引起损伤的扑咬。如果引起优势攻击的刺激缓慢地作用于犬，犬可能首先发出警告信号，而不是立刻猛咬。对犬优势攻击行为治疗，目的是避免犬对人的损伤，而且最终使犬允许人进行之前会引起攻击的动作。

二、调整方法和步骤

1.嫉妒心理导致的攻击行为的调整

纠正嫉妒心理导致攻击的行为应先解决犬的心理问题，不要体罚，否则会更加激怒它。应该让犬和其他人或犬有一定的沟通，比如在主人的注视下一起玩，主人看到友善行为后，要及时奖励，比如抚摸和食物。在一开始就表现情绪激动者，要按住其身体，抚摸头部和前胸，让它觉得你很在乎它。对于无法纠正并造成咬伤他人或动物的要及时淘汰。

2.领地性攻击行为的处理方法

犬的领地意识所造成的对来访人不礼貌的行为，要及时纠正，避免养成习惯。对于护卫型犬，应三成罚七成奖。同时要用同一动作让犬明白这是主人的朋友。在外人面前挨揍是一件很丢人的事，这样次数多了会形成条件反射，认为来人后自己的利益就受到侵害，这样一来就更加不友好了。

需要注意的是，来访者可以给犬爱抚，如温和地交谈、抚摸、食物等。若要犬养成拒绝陌生人食物的习惯，则不可以给予食物。主人不要和来访者打闹，以防犬误解主人受到攻击，便挺身而出，向来访者攻击。

3.犬优势性攻击行为的处理方法

理论上，生理性对抗能够改变或停止犬的优势挑战。然而，这仅在人能够取胜的情况下起作用。人们应根据犬的体形和体力、恫吓的程度等，来判定自身在体力上是否容易对抗该犬。一名强壮的人恫吓犬比一名在先前若干次小的优势挑战中失败的人更容易。后者若开始使用惩罚时，攻击程度常迅速而显著地上升。

这种异常行为的治疗包括改变主人和犬的优势序列。行为更改技术、去势和孕酮的治疗常能促进优势序列的改变。

更改犬的优势序列的技术是复杂的，而且必须适应各种情形。因此，在治疗行为异常方面，除具备本身的专业知识外，还要求助于行为学家、犬主和犬。为安全起见，要巧妙而缓慢地更改处于统治地位的头犬。首先，可以令犬坐或卧下，并渐渐地延长时间，在数天内对犬建立一种"不自由的生活"状态。犬若要获得想要的东西，首先必须坐或卧下，犬想外出、进来或获得食品、抚摸之前，必须表现适度的顺从姿势。随着时间的迁移，在犬想要获得某种东西之前，主人可额外地增加犬必须服从的要求。如犬想出去必须忍受抓住其背部或轻压颈部等。主人逐渐使用较强的优势信号，但不得超过引起攻击刺激的阈值，例如，已经测定犬被抚摸 4min 会引起攻击，因而，主人最初应仅抚摸犬 2～3min，数周后，主人逐渐地使犬习惯于更长时间、"更强烈"的抚摸，更紧地抓住其口鼻部，更容易将其推向侧躺并延缓，更用力地拉其颈部等。犬还必须能忍受其他犬的注视而不吠叫。在使用这些技术之前，有必要训练犬习惯于戴口笼。主人应逐渐地要求犬在先前表现优势攻击的情况下表现顺从。

据报道，电刺激疗法可改变犬的攻击行为，尤其适合治疗犬优势攻击家庭中其他人员的病例。但攻击行为的减少和消除需很长时间。电刺激疗法后 24 周，犬出现混淆，似乎不认识主人，犬也需要重新养成家居习惯。这种治疗之后，新的群居集团也许将其列于服从地位。治疗严重的优势攻击行为，需要花费主人和兽医的大量时间和精力，不应轻易取消治疗方案。治疗这些病例常常仅导致攻击行为的减少，而不能完全消除。在这里劝告有小孩的家庭，不要饲养有优势攻击行为倾向的犬，或无论如何应将犬与小孩分开，直到小孩长大明白怎样小心地与犬接触为止。

项目 4-10　犬的护食行为调整

在野外，动物为了争夺食物不惜付出生命的代价。食物对犬来讲非常重要，是需要它捍卫的东西。犬护食是一种本能，是与生俱来的。

一、产生原因

以群体状态生活的犬可能会为争夺食物而对原本和平相处、相安无事的其他犬只大打出手；也有部分处于哺乳期的母犬发现幼犬试图与自己分享食物时可能会低吼、龇牙咧嘴，甚至直接用裸露的牙齿猛戳幼犬的面部直至幼犬逃离；还有部分犬只可能会在主人试图取走其食盆或为其增添食物时对主人低吼、假咬，甚至真咬。三类不同情境的护食行为，究其原因主要与食物占有欲及社会等级制度不明确有关。食物是犬赖以生存的物质基础，犬只对食物具有非常强的占有欲；同时犬群社会等级秩序呈线性结构，处于等级结构顶端的头犬无论是在进食、交配、休息场所的选择都具有优先权；当低级别的犬只试图挑战高级别犬只的优先权时则会遭到攻击。正常情况下，当犬只融入人类家庭之后，犬会认为自己是家庭成员中地位最低的那一位，也不会出现主人取走食盆或为其增加食物时发起攻击的行为；但是，犬只在日常生活中为了获得更好的待遇，也会施以小伎俩不断努力争取地位的上升，如果主人不加以防范的话会让犬误以为自己就是家庭的领导者，从而会对取走其食盆或为其增加食物的低级别家庭成员发起攻击，保护自己的食物，保护自己进食的优先权。

二、调整方法和步骤

犬的护食行为矫正的根本着手点是建立良好的等级秩序，但就不同情境的护食行为有着不同的具体操作方法。

1.针对犬群其他成员护食行为的处理方法

犬只对其赖以生存的食物具有强烈的欲望，常在领导者进食的时候围着食物转圈跑动，企图在领导者不备的时候偷偷享用食物。但当领导者发出低吼、龇牙咧嘴、眼睛凝视的时候，其他犬会迅速逃离甚至做出被动性服从的姿态，很少会大动干戈。因此，建立良好等级秩序的犬群很少因为护食行为导致犬只严重的伤害。改善此种护食行为的落脚点便成了在犬舍内增加食盆的数量，让低级别的犬只在跑动中增加进食的机会，确保其食物营养的需求。

当犬群内存在两只势均力敌的犬只时，它们经常打斗但从未分出高下时，犬群内发生护食行为常导致严重的流血事件，最好将两只犬分开饲养。

2.母犬针对幼犬护食行为的处理方法

有的主人可能会对母犬针对幼犬护食性攻击行为大惊小怪。然而这种护食性攻击行为却是一把双刃剑：有害的一面是幼犬无法接触到人类提供的食物，可能在母犬乳汁不足的情况下无法确保营养需求，导致幼犬瘦弱，延长断奶期；有利的一面是幼犬可以从中弄明白吼叫、龇牙咧嘴的含义，可以建立领导者优先的观念。当幼犬试图分享母犬食物时，母犬会低吼、会龇牙咧嘴、会表现出随时发起攻击的姿势，如果幼犬仍不撤离则会遭受攻击（这种攻击并不会造成致命伤害，只是一种象征性的教训手段），久而久之幼犬会明白低吼、龇牙咧嘴等行为是被攻击的前奏，就会停止目前的行为以避免被攻击，有助其在以后与其他犬只互动中识别被攻击的前奏信号，也有利于其表达自己愤怒的信号。母犬通常被幼犬认为是这个独特犬群的领导者，母犬优先进食可以让幼犬习惯领导的优先权，有助于其日后融入其他犬群或人类家庭，成为一名遵守规矩的模范犬只。

针对母犬的护食行为，我们人类需要做的就是在喂食的时候暂时性将母犬与幼犬分离，保证幼犬充足的营养需求，辅助其断奶。

3.针对犬主人护食性攻击行为处理方法

针对犬主人护食性攻击行为主要是犬对自己在家庭中等级地位不明确造成（具体处理方法详见建立良好的社会等级秩序）。很多人主张用"打"来改掉犬护食的习惯，其实并不得当。因为犬护食是一种本能，是与生俱来的。在它护食的时候打它，会适得其反，只会更激起它保护食物的欲望。在这里结合食物提供三种方法：

① 喂犬时，在犬粮上方放一张白纸，白纸上方放一块小点心。在犬看得见的地方，主人取下点心吃掉，然后将犬粮给予犬，不断强化主人的领导地位，不断强化主人优先

进食的权利。

② 在给犬喂食的时候，将食物放手上喂，让犬明白手是食物的给予者而不是掠夺者。好吃的食物或是零食，放在手心上喂给犬。这种喂食方式很安全，犬会舔食，不会咬到手。犬习惯后，可以尝试性地把食盆拿在手上。

③ 让犬适应进食时有人在身边，在给犬喂食时，先把手放在它身上。一边抚摸它，一边把食物倒进它的食盆。它吃饭的时候，不要停止抚摸。动作要轻柔缓慢，并可以跟它说说话，让它信任你不会抢它的饭就好了。抚摸不要冒进，要看犬接受的程度慢慢来。可以从抚摸它的后半身开始，等它不反对的时候，再逐渐移向头部（这一过程有时需要数天才能完成）。

适应吃饭时有人在身边和抚摸后，也就是不发出威胁时，开始尝试端走食盆。在吃饭的整个过程中，如果发现它有威胁的苗头，比如开始皱鼻子、发出呼呼声、斜眼睛看人等，就大声呵斥，并端走食物。等它安静下来，就夸奖它，抚摸它说："很好"，再给食盆。不断这样反复，直到它不反抗。

 ## 项目总结与思考

1. 叙述犬随地大小便行为产生的原因。
2. 犬随地大小便行为应如何调整？
3. 简述什么是分离焦虑症，并说出其产生原因。
4. 分离焦虑症的调整方法是什么？
5. 叙述犬破坏行为发生的原因。
6. 犬破坏行为应如何调整？
7. 如何调整犬的恐惧行为？
8. 犬的过度吠叫行为应如何调整？
9. 如何调整犬的异食癖行为？
10. 叙述犬的攻击行为产生的原因。
11. 如何调整犬的攻击行为？
12. 如何调整犬的护食行为？

项目 5

工作犬的训练

技能目标

　　熟悉导盲犬、救援犬和警犬的训练方法和手段；能熟练进行导盲犬、救援犬和警犬的训练工作。

项目 5-1　导盲犬的训练

一、导盲犬概述

　　导盲犬是盲人的一种特殊助视器和伙伴。调教导盲犬的目的是用犬为盲人或低视力患者提供帮助，使其行动安全而迅速。导盲犬在正常情况下会坚决执行盲人的命令，而特殊情况下可以不执行主人的命令，当不执行主人命令时，是为了帮助主人避开危险。

　　人类使用导盲犬已有近千年的历史。目前我国、德国、美国、意大利、英国、丹麦、澳大利亚、日本等国都有导盲犬调教机构。

1.导盲犬的要求

　　导盲犬要聪明、健康、性情温和、性格稳重、视觉良好、听觉灵敏，具有良好的心理素质和判断力，体重在 20～35kg 为宜。此外，导盲犬还要具备拒食、帮助盲人乘车、传递物品、无视路人的干扰和不攻击路人及动物的能力。

2.导盲犬的训练过程

　　导盲犬在 8 月龄时寄放在一般的家庭里抚养至 1 岁，然后进行服从调教、定向调教、与残疾人沟通调教、拒绝执行危险命令的调教，最后进行与残疾人的匹配调教。

3.导盲犬的训练阶段

　　第一个阶段是基础能力训练，包括亲和关系的培养、服从性训练（随行能力和随行中的站立等），以及对环境的高度适应能力，第一个阶段的训练可以参照本书犬的基础科目训练内容；第二个阶段是导盲专业科目的训练；第三个阶段是盲人亲自训练和使用。

二、导盲犬专业科目训练

导盲专业科目的训练必须由专门的训练人、在特定的训练场所进行。训练场地应设置各种各样的障碍物，训练中，训犬人不但要随时随地不断变换障碍物的摆放位置，还要教育犬不得扑咬接近的各种人畜等。另外，导盲犬的训练需要一副特制的"U"形牵引犬套。犬套用直径 4mm 的金属弯杆制成，有长 100～110cm 的"U"形把柄，金属外要缝制柔软的皮革或布料，末端各制成一个扣环，用于固定在犬的项圈上。导盲犬的专业科目训练一般分 5 个步骤进行。

1. 抵制新异刺激和诱惑的训练

训练导盲犬前行时，助训员在固定路线上放些牛肉、骨头等食物，如犬欲吃食物应及时制止，并鼓励犬继续前进，直至对这些物品失去诱惑。另外，还应培养犬抵御各种音响（汽车喇叭声、机器轰鸣声、鞭炮声等）、各种动物等的刺激，以提高犬对抗外界因素干扰的能力。

2. 无障碍平路训练，培养犬熟悉固定路线

① 由训犬人对犬下达"走"的口令，在固定路线上由甲地到乙地行走，每天练习 3～4 次。调教最好在喂食前进行，每次由甲地到乙地后才给予食物奖励。经过多次反复练习，下达"走"的口令后，犬就可以在固定路线上由甲地到乙地。

② 训练必须选择在无障碍的小路上进行。训犬人让犬在自己的左侧或稍靠前坐好，左手轻轻捏着犬套的"U"形把柄，右手持手杖或木棍，并向犬发出"靠"和"走"的口令，训犬人和犬一同并排缓行。初期的行走路线是直线，在犬能缓慢地与训犬人并排行进时，训犬员应发出"好"的口令给予奖励，训练结束应当给予抚拍或食物奖励。随着犬与训犬人伴行能力的提高，可将训练的行进路程增加到 1km 以上。

③ 当犬对无障碍的小路非常熟练之后，就要培养犬的转弯能力。在转弯训练时，训犬人要先放慢步速，向犬发出"右转"或"左转"的口令，同时左手朝所去的方向扭动把柄，自身也转过方向与犬一同缓行，当犬转过方向后，应给予口头奖励。直至犬完全能根据口令转弯为止。

在无障碍平路训练过程中，训犬人不得允许犬无缘无故地停滞，但训犬人可经常做 1～2 次使犬意想不到的停止动作训练。在小路上熟练之后，可以将犬带至大路或公路上训练。但必须靠边缓行，使犬完全学会放慢行走速度，习惯与训犬人并排直行和转弯。

3. 有障碍预警训练

犬对路途障碍的预先警告是导盲犬训练中最重要的一环，可以免去盲人的难堪、伤害，甚至可以拯救盲人的生命。

① 培养犬在行进中对"停""走"的口令形成条件反射并能主动绕开障碍物。训犬人位于犬的后面用棍棒式牵引绳牵引犬。当犬横穿公路时，有意安排一辆汽车驶过（也可以是行人、自行车、摩托车等），训犬人下达"停"的口令，使犬站立原地不动或坐下。待汽车通过后，再下"走"的口令，带领继续前进，同时用"好"给予奖励。反复练习后，犬就能对"停"和"走"的口令形成条件反射，学会引导人暂避横穿的车辆。迎面的车辆和行人犬会自然避让，无需多加练习。此外，在路线中可设一些各种小型的障碍物，调教犬通过或绕开通过。

② 培养犬在不能越过的障碍物面前自动停下。可在路上安置一些犬不能跨过的物体（如长凳、箱子、石堆等），训犬人对犬发出"靠""走"的口令，与犬一起行进。在人与犬到达障碍物面前时，训犬员对犬发出"停"的口令并站住。如果犬停下来，就用手杖轻敲障碍物，同时发出"好"的口令和给犬抚拍奖励。然后，训犬人可领犬绕过障碍或由他人搬去障碍物，继续向前走。反复训练该科目，直到犬在不能越过的障碍物面前自动停下为止。

③ 培养犬在犬能通过而人不能通过的障碍物前停下。将障碍物设置成犬能通过而人不能通过的样式，如各种拦道杆，训练方法同上。如犬不停下，训犬人应立即停下并拉住犬，同时用手杖轻敲障碍物向犬示意，并绕过障碍或由他人搬去障碍物，继续向前走。这样反复训练，并逐渐减少到障碍物前发"停"的口令，直到犬引导训犬人到障碍物前主动停下为止。

④ 培养犬对障碍物的判断力。在以后的训练中要不断变化拦道杆的高度，培养犬准确的判断力。使犬在杆的高度 200cm 以下时，主动停下来预警，而当杆在 200cm 以上时，犬会继续引导人行进。

4.行走特殊路面的训练

通常所讲的特殊路面包括上下楼梯，过高坡、壕沟和陡峭路堤等。

① 上下楼梯的训练。训犬人与犬来到楼梯的台阶前，训犬人要发出"停"的口令，让犬停下以示预警。当犬停下后，训犬人用手杖轻敲台阶，表明已经感觉到。停止片刻后，训犬人再用手杖轻敲第一级台阶，并对犬发出"靠""走"的口令，与犬一同缓慢地上楼。在每一级台阶上，训犬人都要自己停住，同时也要让犬稍停片刻，等到上完台阶，训犬人应稍稍奖励（不能用食物）犬。如此反复训练，直到犬能在训犬人的指挥下，一级一级地缓缓引导人上楼梯。下楼梯的训练方法与上楼梯的训练方法相同，只是更要放慢速度。

② 过高坡、壕沟和陡峭路堤的训练。在高坡、壕沟和陡峭的路堤前，训犬人应让犬停下来，并用手杖仔细地对高坡、壕沟和路堤轻轻敲击，以示揣测和研究，然后，与犬一道极缓慢地通过。这样多次重复后，使犬明白这种情况必须非常谨慎、缓慢地通过。

5.横穿马路的训练

首先，犬必须习惯在正常的交通线路右侧行走或停立。训练时，训犬人与犬一起沿着右侧人行道前进，同时注意观察来往车辆。如没有车辆通过，训犬人应适时发出"左转""走"的口令，人与手柄也随之转向，与犬一同穿过马路，并给犬以表扬。如有车辆通过，训犬人应发出"左转""停"的口令，转向后要一同停在路旁，待车辆行驶过后，再发出"走"的口令，与犬一同穿越马路。如此反复训练，使犬学会根据有无车辆通过，决定是行走还是停立。

导盲犬投入工作后，训犬人也要定期地检查犬的状态，继续帮助盲人和导盲犬纠正错误的做法和行动。

项目 5-2　救援犬的训练

救援犬主要用于自然灾害现场搜索与救援失踪人员，救援犬的工作直接关系到挽救人类的生命和财产安全，所以救援犬的工作意义重大。救援犬出现的历史可以追溯到公元 950 年以前。

用于救生训练的犬必须感觉灵敏、勇敢顽强、温顺灵活、耐力持久、搜索欲高、善于配合和合作，很多品种的犬都能训练成为救援犬，只要体形较大、嗅觉灵敏、有好奇心、有耐力并有很好的适应性即可。但是救援环境的不同也会有不同的要求。例如，水上救援犬不但要是游泳健将，还要求有很好的体能，所以通常选用一些体形较大的犬如纽芬兰犬；而山地救援犬则需要很好的体能和适合在高寒气候下野外工作的能力，如圣伯纳犬。但是对人和其他犬会表现出攻击行为的犬不适合选作救援犬。

训练救援犬的训犬人首先要参加很多学习和训练。如使用卫星定位仪，红十字会紧急救护训练，使用地图和指南针，使用对讲机通话，野外生存，搜索与跟踪，安全地乘降直升机等。

救援犬的训练通常要用 1.5～3 年的时间，训练分为服从能力训练和使用能力训练两大部分，训练科目包括跟踪、区域搜索、尸体痕迹搜寻、水上搜索、雪崩搜索、自然灾害搜索、搭乘直升机等各种交通工具等。而且救援犬每工作 30min 应该休息 10min，这样才能保证工作质量。

服从能力培养包括接近和接纳陌生人，在人群中平静行走的测试与训练，以及紧急停止训练等内容，因为在犬的基础训练中已经叙述过服从能力的训练，本节主要介绍在 4 种不同救生环境下，救援犬的使用能力训练。

1.雪地灾难救援犬的训练

搜寻能力的训练应选择一开阔的冰雪山地，训犬人先用食物或物品逗引犬，待其兴奋后，助训员当着犬面，拿走食物或物品隐藏起来。然后训犬人对犬发出"搜"的口令，指挥犬对雪地进行搜索，当搜寻到助训员后，助训员立即将食物拿给犬吃。完成训练后，训犬人和助训员都应热情地鼓励和奖励犬，使犬形成找到助训员就能获得美味食物和获得训犬人与助训员奖励的条件反射。这样反复训练，使犬的搜寻积极性越来越高，兴趣也越来越大。随着犬搜寻能力的提高，助训员隐蔽的难度也相应提高，从稍作隐藏到全身隐蔽，最后完全埋在用于训练的雪洞里，而且随着犬搜寻、挖掘能力的提高，覆盖的雪要越来越厚。但用犬挖掘最多只能持续30s，大量的挖掘工作要由训犬人来做。当"遇难者"获救后，训犬人和"遇难者"都要奖励犬。当犬能根据口令积极地搜寻、发现"遇难者"又能主动挖掘时，再逐渐增大搜寻范围和难度。

当犬具备上述救生能力时，就可进行小规模的"雪崩"模拟训练，即助训员待在洞内，然后被雪掩盖，需要犬经过仔细搜寻才能发现。犬发现助训员后，训犬人和犬要迅速协同挖掘，使助训员尽快获救。如果犬不能尽快发现，训犬人要有意识地引导犬发现，以防助训员出现意外。

2.废墟灾难救援犬的训练

用于碎石和废墟中救援犬的训练方法基本与雪地救援犬训练相同，只是训练场地应选择倒塌的建筑物或其他碎石乱砖中。犬发现掩埋的活人后，应以吠叫表示，并培养犬在人不能进出的情况下携带并能将救援物品（如食物、氧气、水等）送到"遇难者"处的能力。

3.海上灾难救援犬的训练

海上救援犬以纽芬兰犬最好，该犬高大强壮，温顺、善游泳，只需稍加训练就可用于海上救生。救援犬的背上安装专用的橡皮手把或救生圈，以便溺水者抓住，然后犬带溺水者游向海岸，将其救上岸来。

训练主要是培养犬对游泳的口令、手势和"溺水者"的呼救声形成条件反射。开始，助训员扮成"溺水者"，在水中发出挣扎呼救声，训犬人对犬发出"游"的口令，并挥手指向"溺水者"，随即与犬一起游向助训员，待助训员抓住手把或救生圈时，再令犬游向岸边。当犬完成这一练习时，助训员和训犬人均应对犬加以奖励。多次练习后救援犬就可对"游"的口令、手势和呼救声形成条件反射。

犬能根据训犬人口令、手势游向助训员后，就要进一步培养犬独立地游向助训员的能力。开始训练的距离应短些，奖励应充分、热情，随着犬救援能力的提高和兴趣的增加，逐渐增加游泳的距离。训练中，要经常更换"溺水者"和训练场所，以提高犬的救援能力。

当犬具备上述能力后，可以到海边浴场进行实地救生训练。训练时，多名助训员扮成泳客，其中有一名助训员扮成"溺水者"在水中挣扎并发出呼救声，训犬人指挥犬游向"溺水者"，而不能游向其他泳客。经过多次训练，待犬对训犬人的指令和求救者的呼救形成牢固的条件反射后即可。

4.火灾救援犬的训练

用于火灾中救生的犬称为"火犬"。火犬主要凭借特有的嗅觉和辨别方向的能力，帮助消防队员迅速搜寻出火灾现场里躲藏的人（特别是儿童）或熏昏的人。用于火灾中的救援犬，必须胆大、温顺、勇敢、勤劳、不怕火，如德国牧羊犬、加拿大的拉布拉多犬和比利时牧羊犬都是培养火灾救援犬的优良品种。火灾救援犬的训练分两个阶段进行。

（1）基础能力的培养　火灾中救援犬的基础能力主要是登高、越障、衔取重物品、穿火、淋水、淋泡沫、穿戴防火背带、拖拉人体、吠叫报警等基础能力训练。

（2）实战训练　主要培养犬反复进出燃烧着的建筑物内，搜寻隐藏或熏昏的目标能力。

训练初期，用烟雾弥漫整个建筑物，训犬人携犬一同进入搜寻。发现"对象"时，训犬人指示犬吠叫报警，训犬人与其他人（助训员）及时将"对象"抢救出建筑物，并给犬奖励。如犬发现"对象"所处的场所人不能进入，训犬人应鼓励犬进去，衔住"昏迷者"并将其拉出交给训犬人，然后训犬人将其抱出建筑物，并充分奖励犬。如此经常训练，以培养和提高犬搜寻的积极性和兴奋性。同时，"对象"的隐藏也要越来越深，并增加拉出的难度。同时，训犬人要逐渐鼓励犬单独行动，直至犬能独立熟练地完成为止。

第二阶段要在此基础上，将建筑物内的非必经之路依次设置燃烧的火焰进行训练，开始火焰小，然后逐渐加大火焰，偶尔也在必经之路设置。训练过程中，只要犬勇敢地通过火焰冲进建筑物、积极搜寻、果断报警或拼命拉"对象"出来，训犬人都要给予鼓励和奖励。最终要将训练场所布置与火灾现场完全一样进行训练。

项目 5-3　警犬的训练

根据警用犬工作的性质特点，我们只介绍警用犬的扑咬、追踪和巡逻三种技能的训练方法。

一、扑咬项目训练

扑咬是指犬根据驯导员的指挥，迅速、敏捷、凶猛地锁定目标并实施攻击的一种作业能力。它最能体现犬的信心和胆量。要求犬的行为表达方式是沉着、稳定和自信，并有相当的冲击力，扑咬部位准确，放口快速。口令为"注意""袭""放"。手势是右手食指指向攻击目标。

1.训练方法

（1）胆量训练　选择相对清静的场地，将犬拴系好。假设敌化装后，从远处发出一定的声响，以引起犬的警觉。当犬的注意力集中后，再手持小树枝从隐蔽处出现，以鬼鬼祟祟的动作接近犬，同时发出声音和做出夸张的动作表情挑衅犬。驯导员则站在犬的

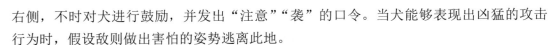

右侧，不时对犬进行鼓励，并发出"注意""袭"的口令。当犬能够表现出凶猛的攻击行为时，假设敌则做出害怕的姿势逃离此地。

（2）**原地扑咬**　选择相对清静的场地，驯导员手握牵引绳尾端将犬牵好。假设敌从远处出现，用小树枝不断接近和挑衅犬。驯导员不时对犬进行鼓励，并发出"袭"的口令。当犬能够表现出凶猛的攻击行为时，假设敌企图从犬的一侧逃至另一侧。在贴近犬的面前通过时，有意识地让犬咬住护袖，同犬搏斗、僵持片刻。当驯导员令犬放口后，假设敌再适当逗引一下即结束训练。

（3）**追击扑咬**　选择开阔和清静的场地，假设敌戴好护具先隐藏好。驯导员带犬到达预定位置，用左手握住牵引绳镊钩上方约10cm以控制犬。假设敌边接近边挑衅犬，驯导员不时发出"注意""袭""好"的口令，以提示和鼓励犬。当假设敌到达犬的面前并转身逃跑时，驯导员应立即令犬攻击并将犬放出，同时迅速跟进。当犬追上并咬住假设敌后，假设敌应与犬搏斗片刻，然后停止不动。这时驯导员令犬放口后，给予奖励并结束训练。如此反复训练多次，使犬比较熟练后，再进行将追捕距离逐渐延伸，追捕的路线也逐渐复杂化，以及假设敌的待咬姿势多样化等内容的训练。

（4）**拦阻扑咬**　驯导员带犬随行，当假设敌从隐蔽处或从正面相向行进至与犬相遇时，突然向驯导员发动袭击。这时，驯导员应立即令犬进行拦阻扑咬。当犬能迅速咬住假设敌时，驯导员应充分奖励犬。如果犬表现不佳，不能大胆拦阻假设敌时，假设敌应立即转身逃跑，让犬进行追击扑咬。经过几次训练后，犬就能顺利完成本内容的训练。

（5）**实战性扑咬**　假设敌着便服且不戴任何护具，驯导员给犬戴上口笼后，按上述方法进行扑咬训练。如果假设敌着便服并穿有暗护袖时，也可按上述方法进行扑咬训练。当犬熟练后，可逐渐增加扑咬环境和气候条件的难度。经过训练犬有了一定的能力以后，再进行有引诱、干扰状态的扑咬训练，以完善犬的扑咬能力。

2.注意事项

要经常变换训练场地和假设敌隐蔽的位置，以培养犬随时随地对出现的可疑人员保持高度的警觉性。同时，应经常更换假设敌，防止犬对某一假设敌产生仇视性后难以消除。训练中应重点培养犬对假设敌的仇视性，要注意防止犬养成专咬护袖的不良习惯。因此，必须做到平时不能让犬随意玩耍和撕咬护袖。当犬看到自然放置或由他人抛出的护袖并立即产生兴奋时，驯导员要全力加以制止，让犬保持安静态度。训练中，驯导员与假设敌要严肃认真，动作要逼真。每次训练，都应让犬明白正常行为与挑衅行为的区别。每次训练结束之后，应让犬休息安静片刻，任何人都不要立即对犬进行新的挑衅。训练前，一定要认真检查假设敌穿着护具的牢固程度，对损坏的护具要及时更换，以保护假设敌不被犬咬伤。驯导员还应注意检查牵引器具，以防出现意外。多犬集体训练扑咬时，要把公、母犬隔开，并让凶猛性强的犬先咬，咬完即牵离现场，以防犬与犬之间咬架，以及犬的凶猛性提高过快而对犬失去控制。每次训练都要注意犬服从性的培养，注意口令与犬的行为及假设敌动作之间的协调性，要做到口令准确无误，犬的行为可控，犬的灵活性与其扑咬能力同步提高。

二、追踪项目训练

追踪是指犬根据驯导员指定的嗅源气味，在地面上寻找与嗅源相同气味的迹线，并沿这一迹线追获相同气味的人或物品的过程。追踪的基本要求是：嗅认积极，上线迅速，追踪兴奋，把线稳定，分辨力强，反应明显，速度适宜，能够适应不同地质、地面和地形，以及不同时间、气候和环境条件，表现出良好的作业意识和作业兴奋性，具有较强的追踪耐力。通常要求犬达到的基本能力是：追踪2个物品，2个角度，迹线延时2h，距离2000m。口令为"嗅""踪"。手势是右手食指指向嗅源、迹线或地面和方向。

1.训练方法

选择一块土质松软或有矮草的场地，先让犬利用游散熟悉环境并排便，然后将犬拴好。用能引起强烈欲望的物品逗引犬，当犬欲获取物品时，训犬人应快速离开并在距犬300～500cm的地方，选一地点留下明显擦痕，从该地开始设3000～5000cm的迹线，将物品放在迹线终点的地上，然后再按原线返回，形成复线。训犬人带犬至起点处，令犬坐延缓，将犬绳更换成追踪绳。左手靠近镊钩的位置，右手食指指向地面嗅源，令犬嗅闻后发出"踪"的口令，并诱导犬开始追踪。犬在追踪途中，要及时以"好"的口令给予奖励，发出"踪"和"嗅"的口令鼓励犬继续追踪。当犬接近终点物品时，要注意控制犬的速度，尽量让犬主动发现并衔取物品，然后与犬适当争抢片刻，再将物品抛出并令犬衔回，最后给予食物奖励结束训练。

若干次训练以后，当犬养成嗅认迹线并积极地循线追踪时，就可取消用物品逗引犬和当着犬的面直接布线的方法，改为隐蔽布线，以消除犬的视觉印象作用，促进犬更好地发挥嗅觉功能。若能顺利地追踪复线，就可以改为单线或在终点藏物处加浓气味断开迹线。通过训练，如犬能根据指挥细致地嗅认嗅源，兴奋地低头嗅认并循线追踪，训练即告完成。

2.注意事项

① 犬在追踪过程中丢失迹线而寻找又遇到困难时，必须通过口令、手势等方式鼓励犬并提供适当帮助，使犬找到迹线并继续进行追踪。

② 犬刚开始工作时应对犬适当控制，以利于准确嗅认嗅源气味。

③ 要随着犬能力的提高，训练逐渐多样化。

④ 迹线长度、角度，物品的种类、藏物的地点和方式应经常变换，以防止犬形成不良联系。

三、巡逻项目训练

巡逻是指犬根据驯导员的指挥，跟随其他执勤人员一道对指定路段或区域进行巡视、警戒的过程。通过训练，要求犬形成在巡逻途中保持高度的警惕性，能够及时发现异常情况，主动拦截偷袭执勤人员的不法分子，或者依令对目标对象实施攻击，随后进行监视和押解的能力。进行此项训练的能力基础为犬的机敏性、忍耐性和服从性，以及较完善的扑咬能力。口令是"注意""袭"。手势为右手指向前进方向。

1.训练方法

选择拂晓或黄昏时分，在道路两侧有稀疏树林或独立院落的环境地段，路边分别埋伏2～3名假设敌。驯导员以正常步速带犬随行在前，其他执勤人员跟随在后，按预定线路一道进行巡逻。途中，驯导员要不时轻声对犬发出"注意"的口令，同时鼓励犬的正确行为。当犬接近假设敌隐藏地点时，假设敌应发出适当声响以引起犬的注意。当犬进入攻击状态后，假设敌从隐藏处冲出并企图袭击驯导员和其他执勤人员。这时，驯导员应立即鼓励犬对假设敌实施攻击。将其制服后交给随行执勤人员押走，继续巡逻前进，并依次制服其余假设敌。之后带犬再巡逻片刻，对犬进行充分奖励，结束训练。

经过多次训练，当犬具备一定的能力后，要适当延长巡逻路线，或者在同一路段上反复巡逻，并减少假设敌的数量，同时减少假设敌发出的声响，直至取消逗引。

2.注意事项

训练中要经常更换假设敌和巡逻路线，以及假设敌隐藏的位置和活动方式。每次训练都要注意安全，防止误伤群众。为此，应设置无关人员随时随地出现的情景进行训练，驯导员要在准确判明情况后再令犬实施攻击。为了更好地培养犬的警觉性，可借助风力传递气味的方法进行训练。驯导员在注意观察前方情况的同时，更要注意观察犬的行为反应，随时对犬进行有效的控制和鼓励与安抚。当犬能够熟练地进行巡逻时，可结合追踪、搜捕、追捕等内容进行实战性科目的训练，不断完善犬的巡逻能力。在进行多犬协同徒步巡逻训练时，犬与犬之间要保持适当距离，严防其相互吵架和攻击。在令犬攻击假设敌时，应注意先后次序及令犬出击的时机。在进行乘车巡逻训练时，要帮助犬消除紧张情绪，让犬在车内保持安静状态。为使犬乘车时不晕车，应专门进行乘车训练。乘车前应少喂食，并让犬充分散放。要注意培养犬用正确的方式上、下车，并在车内固定所居位置，以及下车后能够立即进入作业状态等基本行为能力。

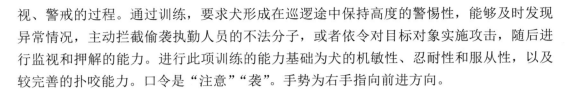

项目总结与思考

1. 导盲犬的有障碍预警训练应如何进行？

2. 火灾救援犬的训练内容有哪些？

3. 警犬的追踪项目训练方法是什么？

模块二

宠物猫的驯导

模块概述

　　猫是一种性格上比较矛盾的动物，它既聪明又胆小，既有美丽温柔的外表又异常倔强，不愿意受人摆布。自古以来猫以它美丽聪明的天姿深受人们的宠爱，但是训练猫的难度要比训犬大得多。即使猫与主人的关系非常亲密，只要有它感兴趣的声音或事情，不管主人如何阻拦，它都会立即离开主人奔向感兴趣的事物；加之猫天生胆小，对强光和声音等刺激容易产生恐惧。因此，训练最好从幼猫开始，在极富耐心的基础上，结合科学的训练方法，才能调教出本领出众、惹人爱怜的猫。

　　1. 对猫的基础服从训练要从幼猫开始，而且越早越好。同时应根据猫的不同个性掌握调教原则。如脾气大、不易就范的猫要严格管理；脾气温顺、乖巧听话的猫，要多加抚爱。当然，猫的性格也不是一成不变的，要根据不同情况灵活掌握。

　　2. 猫生性好动，对线团、绳子、风吹动的树叶等有着浓厚的兴趣，常常将这些东西摆弄半天；平时在主人的逗引下，也会本能地做出站立、亲吻等各种有趣的动作。但是，要巩固猫做出这些动作的能力，就需要反复进行玩赏互动训练。

思政及职业素养目标

　　1. 强化对知识的概括和归纳能力，能运用所学的理论知识指导具体实践工作，坚持理论与实践相结合的学习方法。

　　2. 培养爱岗爱宠的职业精神与素质、细致耐心的工作作风，尤其强化良好的沟通能力和团队合作意识。

　　3. 具有从事本专业工作的安全生产、环境保护意识。

项目 1

猫的基础服从训练

 技能目标

熟悉猫与主人"建立信任"、猫的唤名、猫的坐下、猫的站立、猫的等待、猫的跳跃、猫的衔取、猫的如厕、猫的牵引散步、使用猫抓板等基础服从训练的操作方法、步骤和注意事项；能熟练进行与主人"建立信任"、猫的唤名、猫的坐下、猫的站立、猫的等待、猫的跳跃、猫的衔取、猫的如厕、猫的牵引散步、使用猫抓板等基础服从项目的训练。

项目 1-1　与主人"建立信任"的训练

把猫带回家的那一刻起，主人就应该承担起喂食、清洁和调教的责任；设身处地为猫着想，为自己做某些安排时，不要忘记将猫考虑进去。玩耍是感情交流的重要渠道，在玩耍过程中，猫会把快乐的感觉跟主人联系在一起，从而对陪它玩耍的人更加依赖。

一、训练方法与步骤

① 尊重猫，不要对它大喊大叫，也不要以作弄猫取乐。因为猫的洞察力很强，它能够通过观察主人的眼神感知某些细微的心理活动，依此判断安全的动作和宠爱它的人；经常嘲笑猫能破坏它对主人的信任。

② 对待猫的态度要保持前后一致，比如你昨天允许猫上餐桌吃饭，今天又严厉制止，猫就会被搞糊涂，而且，总是呵斥猫会伤害它的自尊心，甚至变得富于攻击性。

③ 耐心对训练猫来说最重要，也许你很希望猫乖乖坐在你的膝上，但它可能还没有适应，强迫只能使它越来越远。多给它一些时间，把主动权交到它手里，让它自然跳到你的膝上。

④ 不要经常惩罚猫，因为惩罚在猫身上不会起到太大作用；猫与主人生活一段时间

以后，都会知道什么可以做，什么是不被允许的。

⑤ 关注猫的情绪和行为的微妙变化，当它用身体语言表达意愿时，主人应了解和接受猫的情感；猫很敏感，容易受到主人情绪的影响，作为主人应多做轻松的动作，以便使猫得到松弛。

⑥ 把猫调教成人见人爱的乖猫；不遗弃生病或年老的猫。

二、训练的注意事项

① 主人一出现，猫就来到主人身边，用头或身体磨蹭主人的腿和脚，这是亲热的表示，也是想把特殊气味蹭到主人身上，表示它想把主人据为己有。

② 尾巴直直地竖起，跑到主人身边，或依偎在主人身旁；当你呼唤猫的名字时，它的尾巴稍微摆动作为回答，这一点与犬不同，犬在主人面前会不停地摆动尾巴；如果猫不停地摆动尾巴，则是不高兴的表示。

③ 有的猫主人喜欢亲吻自己的爱猫，并且他们也希望猫会像犬一样回吻自己。但实际上，猫是不会主动去吻主人的，尽管猫有时会像犬那样舔主人的手和脸。专家指出，猫对主人的爱是用眼睛表达的，当你的猫对你眯起眼睛时，就是对你表示信任和依恋。如果你在抚摸猫的时候，它望着你，然后闭上眼睛再张开看你，那实际上就是在吻你。

④ 动物最大的弱点是它的腹部，如果猫在你面前滚来滚去，露出肚皮允许抚摸，就是它已完全相信你。

 知识拓展

猫的生活习性和行为特点

猫已经被人驯化了 3500 年，但未像犬一样完全被驯化，猫还保留自己的生活习性和行为特点。

一、生活习性

1. 天生爱洁净

在人们饲养的所有宠物中，猫是最爱讲究卫生的动物。猫每天都会用爪子和舌头清洁身体、洗脸与梳理毛发，每次都在比较固定的地方大小便，而且大便后都将粪便盖好或埋好，这些习性都是人所共知的。

2. 强烈的好奇心

猫是家养动物中的花花公子，每日除进食、睡觉、玩耍之外，无事可做。虽说捕鼠是它的天性，也是本能需要，但比起为主人耕作、驭运的牛马及担任警戒和守护任务的犬，却备受主人的宠爱，因为它能为人们带来欢乐。

3. 最爱吃肉

家猫在被驯化的过程中依然保留着野生猫的某些习性，喜食鼠和鱼也是家猫保持祖先遗传习性的一个方面，还有如捕猎、孤独漫游和舔舐被毛等。

4. 喜欢夜游生活

野猫作为肉食性的捕猎动物，常常在夜间四处游荡，伺机狩猎，这一习性在家养猫的身上也有着明显的表现。猫的视力非常敏锐，光线很弱甚至夜间也能清晰地分辨物体。这是猫眼在生理构造学上表现出来的特殊性。

5. 喜爱睡眠

猫的另一习性是喜爱睡眠，在所有的家养畜禽中，猫的睡眠时间最长。在猫短暂的一生中，有2/3的时间都在睡觉。猫的睡眠和人不同，猫的睡眠每次时间并不长，一般不超过1h，但是每天睡眠的次数多，加起来时间就长了，而人每天一般都是用8～10h整段时间睡觉。

二、行为特点

1. 喜爱独来独往

在人类驯化的各类动物中，猫的生活保持着接近野生的状态，猫基本上是过着独居生活。

2. 自私、占有欲强

事不关己，高高挂起，一旦猎物（如老鼠等）出现，迅速出击擒获猎物，这是长期自然选择的结果，也是在自然生存条件下的自然规律，是猫自私的一种表现。

3. 行动敏捷

捕猎动物动作迅速、敏捷而又善于隐蔽，这些特点猫也同样具备。因此，猫发达的骨骼、肌肉和腿也必须符合这些特点。猫行走时具有最大限度节省体力和最小限度消耗体能的两种方式。猫行走基本上循着对角线移动四肢。前脚踏出一步后，对角线方向的后脚随着跟进，因此四脚移动的路线是：左后脚，右前脚，右后脚，左前脚。猫的走路方式与猫的重心靠近头部有关，不像人们寻常所想的那样靠近尾部，所以当猫后腿猛然挺进时，支撑躯体的是前脚。

4. 智商高、记忆力强

猫对生活环境的适应能力强，并能学会利用生活设备，如正确使用便盆，打开与关闭饮水器，辨别人类的好恶举止，甚至能预感一些事物的发生，如主人外出等情况。猫还能预感某些自然现象，如地震及其他某些自然灾害的发生，猫的这些特点是猫的大脑半球发育良好，大脑皮质发育较完善的缘故。

5.聪明伶俐、感情丰富

大部分的猫即使在长大后，还是怀有对母猫的思慕之情，正是这种感情才促使它们跟主人撒娇与玩耍，人类是让它们感觉轻松的朋友或伙伴，它们可以和人类自然而然地生活在一起。

6.发育完善、感觉敏锐

猫有视觉、听觉、嗅觉、味觉和触觉等感觉。

7.喜欢以自我为中心

猫的性格孤僻，喜欢独往独来，独立性很强，它在过去的长期野生生活中养成了一种以我为中心的自我主义的行为特征。因此，在猫的个体之间基本上不存在群体的社会性，即使在某种环境下被迫在一起，它的群体顺序及等级制度也不会像犬或其他动物那样严格。如人们可以训练犬帮助人类进行狩猎和牧羊等，但是猫就从来不进行这种合作，它们捕捉小动物完全是为了满足自己的需要。

项目1-2　猫的唤名训练

猫在没有习惯被呼唤名字以前，名字只是一种跟它没有关系的信号，所以唤名训练要反复进行，直到猫对呼唤有明显的反应为止。

一、训练方法与步骤

首先，给猫起个简洁响亮的名字，名字不能太长，两个音节最好，太长猫听不懂，太短不能引起它的注意。利用喂食和游戏等机会进行唤名训练，让猫把名字和愉快的事情联系在一起。

手拿零食在猫周围随意走走，猫知道你手里有好吃的东西，会注视着你；过一会儿，当它不再注意你时，就叫它的名字，它会机灵地回过头来看你，这时可将手里的食物奖励给它。这样重复训练多次，猫就会记住自己的名字。

呼唤猫的名字时要注意发音准确，语气友善，不要在呼唤猫无反应时恼羞成怒地斥责它，这样做以后猫听到叫它的名字，就会躲起来；尽量让猫听到自己的名字时，联想到快乐的事情，比如有零食吃或者做游戏。

二、训练的注意事项

① 从猫到家的第一天起，就应该开始进行呼唤名字的训练。
② 平常在跟猫说话或喂食的时候，加上它的名字效果会更好。

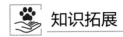

知识拓展

猫的感官特点

猫体内器官的基本结构和哺乳动物相差无几，但是它们的感觉器官，包括眼睛在内，都经过特殊变化，产生了捕猎动物所必需的有效变异。因此，为了捕猎，猫拥有敏锐的五感，包括视觉、听觉、嗅觉、味觉、触觉。

一、视觉

猫是夜视高手，而且眼睛能反射光线，因此即使在光线微弱的情况下猫也能看清一切。猫具有夜行性，因此即使在对于人类而言很暗的地方，只要有一点点光亮它们也能看清东西。即便是在夜里，只要有月光，它们就完全可以进行狩猎。

造就了猫宛如夜视照相机般视力的是位于它们眼睛视网膜下面被称为脉络膜的组织。视网膜相当于照相机的胶卷，从瞳孔进入的光线聚焦于视网膜上，形成物体的像。位于视网膜下面脉络膜的作用就如同反射板，它通过视网膜的光线再反射回视网膜。这样，微弱的光线在脉络膜的帮助下得到了二次利用，因此猫在暗处也能看到东西。猫的眼睛之所以会在黑暗中发光，也是一些光线被脉络膜反射回来的缘故。

眼睛面向前方，可以看清左右两边多大的范围被称为视野。人类的视野范围大约为210°，而猫的视野范围则可达到280°。换言之，猫连位于它斜后方的猎物也可以清楚看到。

然而，猫的眼睛也有弱点，视力比较差，只相当于人类的十分之一。它们只能看清10~20m以内的东西。

与此相对，猫眼睛的构造也有其独到之处，可以敏锐地发现其视力范围内活动的东西。即使距离50m远，只要是活动的东西，猫也能准确地捕捉到对方的踪影，这点对于猫是再好不过，它们可以立即迅速地选择追赶猎物或逃命。

人们曾经认为猫和犬是色盲，然而，最近我们得知它们可以区分红色和绿色，尽管有些模模糊糊。它们之所以难以区分色彩是由其眼睛的构造决定的。视网膜下面分布有感觉光线的细胞（视杆细胞）和感觉色彩的细胞（视锥细胞）。猫和犬为了尽可能多地感觉到光，其视杆细胞的数量比较多，与之相应的其感觉颜色的视锥细胞比较少。话虽如此，猫或犬并不能像人类一样辨别出五颜六色，它们处在一个近乎千篇一律的世界里。

二、听觉

在猫的五感中，最敏锐的就是听觉。猫对特殊声频的声音具有高度的敏感度，而且它还具有良好的捕捉声源能力，能够准确判断声源位置。

猫的眼睛令人印象深刻，所以人们往往认为它们在生活中只依靠视觉就足够了。

实际上，在猫的五感中最为敏锐的是听觉。

如果是面对频率在500Hz左右的低音的话，无论是人还是猫或犬，听力都所差无几。然而，猫在高音方面的听力确实人类无法企及。猫耳朵的构造组合有利于让它们听取老鼠等猎物发出的高音（超声波）。一般而言，人的耳朵所能听到的最高音在3万Hz以内。与之相比，猫的耳朵可以听到频率高达6万Hz的声音，这大约是犬听力的1.5倍。在它们敏锐听觉的帮助下，猫可以听到20m之外的老鼠的脚步声。

猫凭借自己敏锐的听觉，可以分辨出猎物活动及它们之间相互通信时发出的超声波，完美地捕捉到这一眼睛看不到的情况。经常会出现这种情况——当人还什么也没听见的时候，猫总是最先听到家人回来的脚步声，跑到门口去迎接。对此，人类可能会感到很吃惊，然而这却是猫的绝活。

无论是人类还是犬，都是利用听到的声音在时间或强度上的差别来定位声源。猫有一项人类无法模仿的特技，它们可以让两只耳朵分别转动。它们一旦听到什么声音，就会迅速转动位于声源方向的那只耳朵，探察周围的情况，寻找声源。然而，无论其听觉多么出色，总会出现或多或少的误差。人类定位声源的误差为4.2°，而猫的误差只有0.5°。换言之，猫可以准确地判断出声源的位置。

三、嗅觉

嗅觉是猫另一种相当重要的感觉。猫鼻黏膜的面积约为20cm²，鼻黏膜里面大概有九千九百万个神经末梢；而人鼻黏膜的面积只有2~3cm²，只有约五百万个神经末梢。在鼻腔深处，猫还有雅可布逊器官，用于探测环境中的外激素，所以猫具有发达嗅觉。

猫出生时嗅觉已经高度发育，幼猫对不良气味表现出强烈的躲避倾向。嗅觉在这一时间发育良好是十分重要的，它可让幼猫找到母猫的乳头。到第3日龄时，每只幼猫会建立倾向的乳头，主要是用气味来发现和沿之前的路径寻找特定的乳头。当视觉发育后（3周龄），嗅觉会变得较不重要。

对于成年猫，气味是猫之间重要的识别标志，先是脸对脸，接着脸对肛门嗅闻。气味也用于探索新环境、划分自己的地盘。

对于猫来说，常见的嗅觉功能有：

① 室外生活的猫，它们可以通过嗅觉先大致确定猎物的方向，进而确定捕猎的方向。

② 日常生活中，家养的猫可以凭着嗅觉判断出食物所放置的地方。

③ 猫鼻对含氮化合物的气味异常敏感，猫吃食前都会先闻，它们可以用嗅觉分辨出变质、不新鲜和有毒的食物。

④ 母猫发情的时候可以分泌一种性分泌物，公猫则能凭借嗅觉找到母猫，进行交配，繁衍后代。

⑤ 刚出生的仔猫，眼睛并不能睁开，它们可以通过嗅觉找到母亲的乳头，从而喝

到奶水。

四、味觉

作为纯粹的肉食动物，人们往往认为猫的味觉不会很丰富，其实不然，猫对于酸、甜、苦、咸都具有较好的辨别力，而且由于人类根据自己喜好喂养猫，导致猫也形成了不同的口味。

猫虽然是依靠气味来判断食物，但这并不代表只要是闻起来诱人的东西它们就来者不拒。和人类一样，猫的舌头上也分布有感觉味道的细胞味蕾。味蕾可以分辨出酸、甜、苦、咸等各种味道。

各种味道中，猫对酸味尤其敏感，但是几乎尝不出来甜味。一直以来，因为实验证明猫对砂糖没有反应，所以人们普遍认为猫充其量只能分辨出肉类的甜味。然而，最近也许是由于它们吃到人类食物的机会在增加，有越来越多的猫对砂糖的甜味表现得很敏感。

虽说猫能够分辨味道，但是它们的味蕾都集中在舌头的周围，舌头中间比较粗糙的部分几乎没有味蕾。对于原本是肉食动物的猫而言，味觉的首要任务就是分辨出眼前的肉美味与否或者是否腐烂，因此，它们的味觉没有必要去特别细致地区分其他的味道。

五、触觉

胡须是猫的触觉器官中最敏感的器官，通过空气中轻微压力的变化来感知别的物体。与人的胡须可以随便剃掉不同，猫的胡须对它们来说是不可或缺的，胡须是猫身上最敏感的触觉器官，它还是测量距离的量尺，将胡须剪掉，将妨碍猫的捕猎本领，尤其是在黑暗的夜里。猫伸向左右两边长长的胡须是它不可或缺的特征之一。如果摸一下它们的胡须就会发现，和它们身上的毛不同，猫的胡须很硬，让人感觉很结实。猫和犬的胡须与人类的不同，非常敏感，被称为"触毛"。这种触毛不仅仅生长在它们的脸周围，其他地方也有。猫身体上每 $1 \sim 4cm^2$ 就有 1 根左右触毛。对猫和犬而言，普通的毛发根部也分布有神经，因此一旦毛上有什么东西的话，它们就能够感觉到。与之相比，触毛的根部聚集了数量惊人的神经细胞，即使只是轻微的刺激，它们也能非常敏锐地感觉到。

在前进中，猫会将部分胡须伸向前进方向，稍微撞到物体即有反应，这样可以避免撞到障碍物。此外，当猫想从某个狭小的地方通过时，也是利用伸向左右的胡须来确定自己是否能通过。

猫的睫毛也有类似的作用。猫前肢腕关节背部的毛，触觉也特别敏感，这是食肉动物特点，因为它的前肢用来抓捕猎物。猫属于天生好洁的动物，经常将身上的被毛整理得很干净，整理好的被毛，可以作为敏锐的触觉器。

与疼痛感相比，猫的温热感更加灵敏。猫的皮肤上含有温冷感受器，以便感知周围环境的温寒，寻找最温暖地点睡觉或天冷时蜷曲身体。但是，猫的身体对疼痛感觉相对差些，温度超过 52℃ 时，它才感觉疼痛，因此它们能蹲在人感觉很热的物体上，甚至常常烧坏了被毛才有感觉。

项目 1-3　猫的坐下训练

一、训练方法与步骤

坐下是对猫的基本控制训练，平时抓住它自己坐下的机会，及时发出"坐"的口令，同时抚摸表扬或用食物奖励。

训练时，主人蹲在猫的正面，手拿食物举到它的头顶上方，发出"坐"的口令。此时猫为了得到食物就会抬起头，身体自然就坐了下来；如果猫不愿意坐下，你可用另一只手轻轻按下它的后背，它刚一坐下，你就将食物给它作为奖励。重复练习一至两天，猫即可学会坐下。

当猫习惯了以上训练后，可逐渐增加你们之间的距离，在比较远的地方命令猫"坐下"。

二、训练的注意事项

① 及时矫正猫的不正确坐姿，最好是在猫欲动而未动时进行纠正。

② 对兴奋性高的猫，培养坐延缓时要有耐心，每次增加的时间不要太长，切忌多次重复口令。

③ 在延长距离训练坐延缓时，主人每次都要到猫跟前进行奖励，不能图省事唤猫前来奖励。

④ 训练初期，延缓时间和增加距离不要同步进行，应遵循循序渐进的原则。

 知识拓展

领地行为

猫划分地盘的工具主要是自己的气味，因此它们巡逻的时候会时不时地撒尿，如果别的猫闯入这个地盘，它体内的特殊器官就可以通过尿液的味道来分析撒尿者的相关情况。

每天，当猫在自己的地盘巡逻的时候，都会举行一个重要的"仪式"——做记号。

它们会在猎区的每个重要地点排尿，向外界宣告此处是自己的地盘。话虽如此，就算猫给自己的地盘做了记号，但是这些记号却并不具备击退那些图谋入侵的"敌人"的力量。

猫做记号，就是在它们路过的地方留下印记，以表示自己的势力范围。另外，随着时间的推移，猫尿液的气味会发生微妙的变化，这样有利于让其他的猫知道自己是在何时路过此处。当气味快要消失的时候，别的猫就可以堂而皇之地入侵这个地盘。

无论是公猫还是母猫都拥有自己的地盘，并且都会做记号。其中，未去势的公猫，其地盘意识最强烈，做记号也最频繁。有人甚至会担心，"公猫那么频繁地排尿，它们的膀胱会不会变空？"

当猫膀胱里尿液的量变少的时候，它们并不会减少排尿的次数，而是会减少每一次排尿的量。因此，它们排尿的总次数是固定的。如果减少排量之后，膀胱还是很空的话，那么它们就会假装做出排尿的姿势，而不会真的排出尿来。

猫在巡逻的过程中，有时还会发现其他猫所做的标记。这时候，猫为了搞清对方是个什么样的家伙，会将闻到的小便气味送到雅克布逊器官，以搜集信息。当猫知道对方的身份后，会在对方的记号上面留下自己的小便，以此告诉对方："我也来过啦！"

项目 1-4　猫的站立训练

一、训练方法与步骤

站立是使猫两后脚着地，身体直立起来，保持较长时间的原地直立不动，这个动作只要 4~5 天即可学会。

训练时采用诱导的方法，把猫最喜欢吃的食物举在它的头顶上方，发出"立"的口令，猫想得到食物自然就站立起来。

确定它站直后，把奖品给它；如果小猫不会站立，你可蹲下来，手拿食物从猫的鼻尖移动到它的头顶，注意手不要抬得太高。猫注视食物头就会抬起来，这时你可用另一只手轻轻掀起猫的两前腿使其站立，同时发出"立"的口令，然后把食物奖励给它。

重复多次，以后不用食物诱导，你只要把一只手放在猫的头顶上方逗引，它就能站立起来。

二、训练的注意事项

① 初期站立时间不宜过长。
② 必须及时阻止猫离开原地的企图。

③ 不宜经常把处于站立的猫呼唤到跟前。

知识拓展

猫的社群结构

与犬等其他动物不同的是，猫群中的等级次序，除首领以外，大家一律平等。

虽然猫过的是独居生活，但是它们会和住在附近的猫结成一个社会。既然有了社会，也就相应地产生了维持社会均衡的等级关系。虽说是等级，却只划分为两个阶层：具有权威的猫首领和处于下级的其他猫。而对于过着群居生活的犬而言，每一只犬之间都细致地划分出上下等级。

犬的等级划分是固定的，一旦确定了就会长时间地维持下去。而猫则不是这样，它们会依据时间、情况的不同而有所改变。换言之，每只猫之间的关系都是可以替换的，具有很强的流动性。

几乎所有的猫首领都是未去势的公猫。猫首领受到其他猫的尊敬，当它遇到其他猫的时候，会接受对方脸蹭脸的仪式。其他的猫之所以这样做，是为了在首领身上留下自己的气味，就相当于跟首领表示："我是您的同伙，请多多关照。"虽说猫首领仅限于未去势的公猫，但是首领却并不会像鹿王那样剥夺其他公鹿的交配权——其他的猫也是可以自由恋爱的。

离开了母猫的庇护，即将开始独立生活的年轻的公猫，需要经历一些考验才能加入猫社会中去。它们必须向成年的公猫挑战，经历一次次的争斗。这些争斗就是年轻公猫的"成年礼"。它们无论被打败了多少次，都必须继续挑战，只有当它们可以一动不动地坐在自己地盘上的时候，成年猫才会认可它们是自己的同伴。如此这般，当年轻的公猫拥有了自己的地盘，变成了独当一面的成年猫时，就要开始接受在自己的地盘长大的下一辈年轻公猫的挑战了。

项目1-5　猫的等待训练

一、训练方法与步骤

"等待"是用来配合坐下和站立等动作的，是训练猫长时间保持一个动作，直到主人说"很好"为止。

① 命令猫坐下，它坐下后先不要把食物奖励给它，你蹲下来把手放在猫的背部以

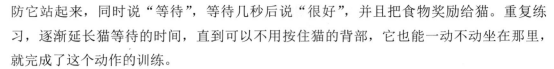

防它站起来，同时说"等待"，等待几秒后说"很好"，并且把食物奖励给猫。重复练习，逐渐延长猫等待的时间，直到可以不用按住猫的背部，它也能一动不动坐在那里，就完成了这个动作的训练。

② 命令猫"立"，主人蹲下来帮助它完成站立的动作，然后你一边发出"等待"的口令，一边站起来。如果猫仍然保持站立的姿势不动，就把食物奖励给它。

二、训练的注意事项

发出命令"等待"的时候，主人要用手掌对着猫的脸摆动一下，因为猫对手势比口令掌握得快。

 知识拓展

相遇行为

猫喜欢独立生活，不希望和别的猫见面。如果外出巡逻见了别的猫，它们会佯装不知地走过去。如果相互之间目光对视，那么一场恶战就不可避免。

因为猫的猎区地盘往往是相互重合的，所以它们为了巡逻等原因外出的时候，就可能会在共有的地点不期而遇。每当这个时候，猫会做出一副很有趣的姿态：两只猫虽然脸上一副不认识对方的表情，但却都在丝毫不敢懈怠地观察对方。它们双方都会以一种极其紧张的状态擦肩而过。

猫之所以摆出一副很冷淡的态度，是因为过着独居生活的它们，希望尽量不要遇到其他的猫。有一种说法认为它们之所以排尿做记号，就是为了通知其他猫自己通过的时间，以尽量避免彼此碰面。同性之间即公猫与公猫或者母猫与母猫之间，这种不想遇到对方的心情表现得尤为突出。

虽然不想遇到其他的猫，但是总会有不期而遇的时候。此时，它们会遵守一个礼仪——相互间避开对方的目光。对猫而言如果对方从正面直视自己，就相当于找碴打架。一只猫只有在面对喜欢自己的对象时才会直视对方，比如母猫、兄弟姐妹或是主人等。

因此，当两只陌生的猫狭路相逢时，如果不小心目光相对的话就会各自摆出一副气势汹汹准备打架的姿态，仿佛在说："比画比画？"这种情况往往会演变为一场恶战。然而，在两只猫之间基本上不会发生数次争斗。这是因为它们一旦打过一场决定了胜负后，到下次相遇的时候，上次落败的猫就会立刻逃走。

项目 1-6　猫的跳跃训练

一、训练方法与步骤

这个训练的目的是让猫跳到你指定的地方，比如椅子或美容台上。

训练时，手拿食物吸引猫的注意，接着命令"上来"或"跳"，同时用另一只手拍拍椅子或台子。如果命令两三次后，猫还是不跳上来，就把它抱起来放上去，然后把食物奖励给它。反复练习，条件反射建立后，猫一听到"跳"的命令就自动跳上来。

二、训练的注意事项

① 用手拍打椅子或台子是因为猫对手势接受得比较快。
② 训练时不要让猫跳到它不该去的地方，比如床和饭桌等，以免产生混淆。

 知识拓展

争斗行为

一、争斗的序幕

猫是打心眼里不愿意打架的动物，但两只猫打起架来又非常容易，相互之间只要稍微有个眼神不对，就可能挥爪相向。它们打架会有个前奏，这时主人要立即将它们拉开。

1. 最初为了避免争斗会先威吓对方

当两只猫相遇的时候，它们会摆出一副不认识对方的表情，尽可能地避免接触。然而，当它们在某种情况下四目相对的时候，就会立刻进入打架的状态。

即便是在这种情况下，猫还是会尽量避免真的打起来。如果被打败自是不用多说，即使是打赢了还是很有可能会负伤。因此，猫都不想进行无谓的争斗。为此，它们会先威吓对方，仿佛在说："我很厉害噢！你还是赶快逃走吧。"此时，猫会将毛都竖起来，让自己的身体显得更大，从而让对方感到威胁。

如果对方对自己的威吓做出了反应，认为对手很厉害而逃走的话，当然是最好不过的。然而，如果两只猫势均力敌，又都充满斗志的话，它们就会维持威吓对方的姿态，继续盯着对方。过了一会儿，当它们一步步地蹭着靠近对方的时候，争斗的序幕便就此拉开了。

2. 时机不佳的相遇会招致争斗

从心底里想要避免争斗的猫，有时也要面对不得不战的情况，其中之一就是两只猫刚一见面就四目相对，变得骑虎难下。因此，如果两只猫相遇的时机不好的话，就有可能导致流血事件。

另外，在两只公猫之间，如果有一方想要入侵对方的地盘，另一只猫为了阻止对方的行为就会积极地发动进攻。当然，当公猫处于发情期的时候，也会为了争夺母猫而展开一场激烈的战斗。

那么，母猫就不会打架吗？其实并不是如此。尤其是在母猫抚养幼猫的过程中，只要有想要入侵猫窝的家伙，不管对方多么强大，母猫出于保护孩子的本能，都会以一种奋不顾身的决心向对方宣战。

二、激战中的休整

真正打起来之后，猫最常用的一招就是猛扑过去咬对方的脖颈。在激战之中，它们还会突然停下梳理自己的皮毛以平复心情，然后再开始新一轮的打斗。

1. 脖颈处是要害

如果两只猫刚刚遇到就四目相对，甚至发出威吓对方也不逃走，这时，战争的号角便吹响了。猫的目标是准确无误地咬住对方的脖颈。原本互相瞪视的两只猫开始蹭着接近对方的话，其中的一只猫会迅速地扑上去咬住对方的脖颈，这就是"猫式猛击"。被攻击的猫仰面倒下，会用嘴防御想要咬自己的敌人，同时用前爪抓住对方用后腿踢它。由于对方也不得不采取同样的姿势，所以两只猫就会在地上到处滚，扭打在一起。

当猫激烈地争夺地盘的时候，它们不会对入侵者进行威吓而是会突然发动进攻——瞄准对方的脖颈，用前爪使出"猫式猛击"。如果对方很有实力的话，就会立刻以"猫式猛击"进行还击。然后，两只猫会保持着后腿站立的姿势，展开一场激烈的你争我夺。

2. 不堪忍受紧张，故而梳理皮毛，稍作休整

在两只猫扭打在一起或是开展"猛击之战"的过程中，会突然有一只猫向后退。这就表示争斗的第 1 回合结束了。两只猫会分开，并坐在与对方有一定距离的地方。此时，两只猫就如同忘记了争斗一样，会频繁地舔自己的身体，梳理皮毛。

也许你会吃惊地认为它们的争斗已经结束，其实这个结论下得为时过早。对猫而言，打架无疑是最为紧张的场面，为此，当猫无法承受高潮时的紧张感时，它们就会倾向于在暂时休整的时候，梳理皮毛以便让自己的心情平静下来。然后，等到猫总算让自己的心情平复之后，它们就会如同刚刚想起来似的立即进入第 2 回合。

如此这般，猫在打架的过程中会掺杂着暂时休整的环节，因此，它们会反复进行几个回合，直到有一方认输先行退出战斗为止。

三、争斗的结束

再激烈的战斗也有终结的时候，猫的争斗规则是：当有一方趴在原地不动，就说明它认输了。这时胜利者便不会再难为它，而失败者的服输也是真心实意的，不会再用阴谋诡计实施报复。

1. 如果向对方发起进攻，对方也不做回应的话就表示认输了

因为两只猫在你争我夺的时候并没有裁判，但是它们会依靠自我裁决来决定胜负。自认为已经被对方打败的猫，会在暂时的休战之后认输——即便对方再次发起攻击，它也不会站起来做出回应。这时，它会把耳朵紧紧地贴在后面，摆出防御的姿态，一动不动地趴在原地。这就是猫认输的标志。

同时，只要胜者接受了败者的认输，就不会再继续攻击对方。这是猫之间不成文的规则。

打了胜仗的猫会以胜利者的姿态，得意扬扬地离开"战场"。尽管如此，为了保证自己能够随时迎战对方的反击，它会保持全身的毛都竖起来的姿态。战败的猫会等到对方离自己足够远的时候，再悄悄地离开。打了胜仗的猫不会完全离开刚才争斗的场所，它们最终会返回来，而战败的猫是不会再返回来的。

2. 知道争斗的分寸

一场争斗结束后，交战的两只猫都会遍体鳞伤。有些身经百战的猫首领，身体的各个地方都会留下清晰的争斗后的痕迹。尽管如此，猫却很少因为打架而负致命伤。其原因在于虽然它们的攻击目标是咬住对方分布有大动脉的脖颈，然而事实上，除去发动奇袭突然咬住对方脖颈的情况以外，猫是无法成功袭击对方要害的。

争斗留下的伤口一般都在包括耳朵在内的头部、腕部等，而这些部位即使受了很重的伤，也一般不会直接致命。即使是异常激烈的争斗，如果其中的一只猫认为很危险从而认输的话，获胜的猫也就不会再继续攻击对方。一般情况下，猫都会遵照这一争斗的规则，掌握分寸。

项目1-7　猫的衔取训练

一、训练方法与步骤

经过训练，猫也可以像犬一样，为主人叼来一些小物品。此项训练比较复杂，应分步进行。

① 手拿猫喜欢的玩具比如线球，一边在它面前晃动，一边发出"衔"的口令。如

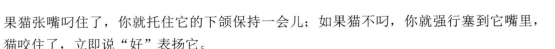

果猫张嘴叼住了，你就托住它的下颌保持一会儿；如果猫不叼，你就强行塞到它嘴里，猫咬住了，立即说"好"表扬它。

② 命令猫"吐"，如果它有吐出的表示，就说"好"来表扬它，然后奖励食物；如果猫不给你，也不要去抢，否则将会在你和它之间展开一场争夺战，你可用食物换回猫的衔取物。

③ 经过多次训练后，猫能够听命令衔取物品了，就可进行下一步的训练。拿着猫感兴趣的物品在它面前晃动两下，然后抛出去几米远，发出命令"衔"，同时用手指向物品。如果猫不去衔取，可用牵引绳领它走过去，并重复"衔"的口令，同时用手指着物品。

猫叼取物品后，立即发出命令"来"，使它回到主人身边；当猫叼着物品来到主人身边时，立即发出"吐"的口令，同时用手接过猫的衔取物，然后给予它食物奖励。反复训练，直到猫能听命令叼回主人抛出去的物品。

二、训练的注意事项

① 不能在猫衔物时给食物。
② 物品要经常变化。
③ 物品不能对猫有损害。

 知识拓展

猫的集会

猫在白天独来独往，但在晚上却会与别的猫一起聚会，它们的聚会派对十分平静，目的也不是为了玩乐，主要是为了确认生活在该地区的成员，加强彼此的合作，共御外敌的入侵。

除去繁殖期以外，每天晚上很多猫都会在公园绿地、停车场或宽敞的院子等地方集会，静静地坐着。

虽然在白天猫与猫之间会表现得很冷淡，但是随着夜幕的降临，它们就会三五成群地聚集到位于共有地盘的某个地方，什么也不做待上好几个小时。猫会经常举行这种令人不可思议的集会，而且随着繁殖期的临近，猫聚会的时间还会延长。通常情况下，猫会在半夜的时候各自回家，但是临近繁殖期的时候，它们甚至会通宵达旦地举行聚会。在繁殖期内，猫会在聚会的场所进行交配活动。

晚上参加聚会的猫，会在彼此之间留出一定的距离，蜷起身子坐着。这种集会实际上是很安静的。尽管有时也会有些小吵小闹的情况，但并不会发展成一场争斗。如果有些比较弱小的猫由于其他的猫离自己太近而感到不安，它们就会用低沉的叫声威吓对方或是把耳朵耷拉下来。除去这些情况，猫都会表现出一副很平静的表情。其中，有一些猫甚至是以一种很友好的态度来"出席"聚会的——它们会互相舔对方的身体，或是梳理皮毛等。

猫之所以举办集会是为了确认生活在该地区的成员。由于猎物的数量有限，所以平时它们都是竞争对手，彼此之间无法建立亲密的关系。然而，为了防御外部的入侵者，维持该地区的安定，共有同一个地盘的猫之间就有必要加强合作。因此，猫之所以在平时表现得很冷淡，而在聚会的时候彼此间以同伴相处，就是希望以此加强合作，维持地区猫社会的安定。

项目 1-8　猫的如厕训练

一、训练方法与步骤

训练猫上厕所，首先要给它准备一个专用便盆或用小纸箱代替，在盆内垫上沙土或购买专用猫砂放入，然后将便盆放在卫生间或阳台的角落。每次喂食后将猫关在卫生间或阳台上，等它自动使用便盆后，就放它出来；但是，并不是所有猫生来就会使用猫砂盆，你需要有意识地训练一下。

当猫开始嗅闻房间的角落，或者蹲坐在地上有排便意向时，立即把它放到猫砂盆里，轻轻地握住猫的前爪刨动猫砂，它逐渐就会知道这是排便和掩埋排泄物的地方。偶尔猫会在猫砂盆以外排便，就用纸巾擦干污迹，再把弄脏的纸巾放到猫砂盆里，猫以后会循着气味来到猫砂盆排便。不要因为猫在猫砂盆外排便而惩罚它，否则它以后就不敢在你面前排便。

当猫习惯在猫砂盆里上厕所后，可试着训练它使用抽水马桶。先把马桶垫圈放在猫砂盆上，让猫习惯在有马桶圈的便盆上排便，并且把猫砂盆放在卫生间的抽水马桶旁边。几天后，将猫砂盆移走，在抽水马桶下放置一块铺有沙土的塑料板，猫很容易就会发现带垫料的马桶，并在上面排便。以后，逐渐减少沙土等垫料，在塑料板上打几个孔，使尿液流到马桶里去。经过一段时间后，可移走塑料板，这时猫已经养成了站在马桶上大小便的习惯。

二、训练的注意事项

① 在训练猫使用抽水马桶期间，人不能使用马桶，因为猫可能意外掉到马桶内，它就再也不敢在马桶上排便了。

② 猫随地大小便有时是猫砂盆太脏的缘故，如果每天清洗它的便盆，并换上干净的猫砂，它就会改变随地大小便的行为。

项目 1-9　猫的牵引散步训练

一、训练方法与步骤

先进行适应项圈的训练，选择轻而柔软的皮项圈，在喂食或游戏的时候，不知不觉地给猫套在脖子上。这样，即使猫一开始对项圈感觉不适，也会因为立即有食物吃或玩耍而完全忘记；有一种猫绳可以把猫的头和两前腿分别套进去，这比直接把项圈套在猫脖子上更容易让它接受。

带猫出去散步之前，给它的项圈扣上猫绳，为了使它不会察觉，动作要轻快。第一次带猫外出，就在住处楼下或屋外比较安全的地方，不要走得太远，让猫习惯周围的声音和景物，并注意观察猫的反应。猫如何表现取决于它的个性，一开始，你要顺着它用力的方向走，而不是主人拖着猫走。

如果猫很恐惧，就放弃带它散步的念头，不能强拉硬拽，强迫只会让猫更害怕，还可能在惊慌中抓伤主人。

二、训练的注意事项

① 初次牵引猫散步应选择幽静的道路，而且要不断说些鼓励的话，对猫进行安抚。
② 散步的时间根据猫的体质和对猫绳的耐受程度决定，一般不能超过 30min。

项目 1-10　使用猫抓板的训练

一、训练方法与步骤

猫爱磨爪其实是有原因的，一是强调领域性，向其他猫宣布这是我的地盘；二是家猫没有多少机会去室外爬树、登高，但它锐利的武器却需要时时加以保护，通过磨爪可以防止爪子长得过快、过长，不至于影响行走和刺痛脚上的肉垫。猫喜欢在睡醒时磨爪，并且常在猫窝周围的物体上抓扒，以便活动一下筋骨，所以猫抓板应放置在猫窝附近，当发现猫有磨爪的企图时，立即将它抱到磨爪板旁边。在对猫的调教上，磨爪是最难解决的事情，因此在猫幼年时期，并在家具被糟蹋之前就开始进行磨爪训练。设定一个磨爪地点，然后准备一个长 30~35cm、宽 15~20cm 的木板或专用磨爪工具，直立固定在猫窝附近。将小猫带到木板前，用手抓住它的两前爪放在木板上，轻轻模仿猫抓扒的动作，这样猫脚上分泌的气味就会留在木板上。经过多次重复训练，再加上猫气味的吸引，它就会自动来到木板上抓扒。

二、训练的注意事项

如果猫已经养成了在家具上抓扒的习惯，就将被抓扒的家具用塑料布盖上，并在家具前面放置猫抓板或一块结实的木板，然后用上述方法训练猫在板子上面磨爪。等它养成在猫抓板上磨爪的习惯后，再逐渐将木板移动到你认为合适的地方。

 项目总结与思考

1. 如何进行猫与主人"建立信任"的训练？
2. 简述猫的行为特点。
3. 猫唤名训练的方法是什么？
4. 简述猫的嗅觉特点。
5. 叙述猫的领域行为特点。
6. 猫站立训练的注意事项有哪些？
7. 猫等待训练的操作步骤有哪些？
8. 猫衔取训练的操作方法是什么？
9. 猫如厕训练的步骤有哪些？
10. 如何进行猫的牵引散步训练？

项目 2

猫的玩赏互动训练

 技能目标

　　熟悉猫的亲吻、猫的握手、猫的挥手、猫趴在主人肩上、猫的跳圈和猫与主人深情对视等训练的操作方法、步骤和注意事项；能熟练进行猫的亲吻、猫的握手、猫的挥手、猫趴在主人肩上、猫的跳圈和猫与主人深情对视等项目的训练。

项目 2-1　猫的亲吻训练

一、训练方法与步骤

　　把猫放在椅子上或某一高处，三人蹲下来与猫面对面，手拿食物引起它的注意。把食物放下，用手指轻点你自己的鼻尖要确保猫注意你的动作，发出命令"亲亲"，有的猫出于好奇就会凑过来嗅闻你的鼻尖，这时立即将食物奖励给它；如果猫没有反应，可把另一只手放在猫的头部后面，轻轻将它的头推向你，使其与你的鼻尖碰上，发出口令"亲亲"，同时把食物奖励给它。刚开始猫可能不大情愿，不要灰心，经过几天不断重复地把它的头靠过来，它最终会明白"亲亲"这个命令。当猫熟悉这个训练后，可将距离拉远一些，让它主动凑过来亲吻你。

二、训练的注意事项

　　因为距离很近时，猫可能会感到不安，所以请你把眼睛眯起来，并慢慢眨眼，这样猫就不会感到威胁而放下心来。

项目 2-2　猫的握手训练

一、训练方法与步骤

训练时，主人可蹲在猫面前，或将猫放在高处，将食物藏在手中并递到猫面前，发出"握手"的口令，当猫尝试着想吃食物而稍稍抬起一只爪子时，你就用另一只手握住并轻轻抖动，同时把食物奖励给它，并重复"握手"的口令；如果发出"握手"的口令后，猫没有反应，就将手移到它的前脚跟处轻拍两下，然后提起它的前爪，同时另一只手把食物送到猫的嘴里，并重复"握手"的命令，反复几次，逐渐减少提起猫前爪的动作，只要轻拍它的前脚跟，猫就可自动抬起前爪，你就马上握住并奖励它。

二、训练的注意事项

① 最好固定猫的一只爪来训练。
② 每天训练三次，每次训练 5min，猫三五天即可学会握手。

项目 2-3　猫的挥手训练

一、训练方法与步骤

这个训练是握手训练的延续，只要猫学会了握手，挥手的训练可以说是易如反掌。

训练时，像说再见一样对着猫左右摆手，另一只手递到猫面前，命令"握手"，猫一伸出爪，你就缩回手，然后奖励猫并表扬它；接着，你可把手抬得更高些，发出命令"再见"，同时挥动手臂，猫也会不自觉地把爪子抬高并挥动，这时立即称赞它并奖励食物。

对于不肯抬起爪子的猫，主人可手拿猫喜欢的食物，比如奶油、干酪等，高举起来晃动，并发出"再见"的口令，贪吃的猫就会抬起前爪想抓主人手里的食物，自然随着主人的手挥动爪子，这时就可给予手里食物奖励它；或者左手拿着食物，发出"再见"的口令，待猫抬起一只爪时，右手抓住猫爪左右摆动，并重复"再见"的口令。

每完成一次摆动，就奖励一次，直到猫一听见"再见"就能自动摆动爪子。逐渐延长猫挥手的时间，这个训练很有趣，猫会像"招财猫"一样挥手。

二、训练的注意事项

每天训练几次，每次 5min 左右，训练时间过长会使猫产生厌烦情绪。

项目 2-4　猫趴在主人肩上的训练

一、训练方法与步骤

训练前给猫套上项圈，主人穿上厚一些的衣服，以防被猫抓伤。把猫放在右肩部，用右手把猫背部按下，使它坐在你肩上；左手拉住猫绳，使猫不会跳下去。

刚开始训练时，猫可能会比较紧张，它可能四条腿都站在你肩上，可将其两前腿往下拉，使它趴在你肩上，然后奖励食物。每只猫的性格不同，有的很自然就趴在主人肩上，你要不断奖励它以巩固这个动作的训练。

当猫习惯趴在你肩上后，逐渐延长它趴着的时间，并带着它四处走动，同时不断表扬你的猫。

二、训练的注意事项

当你想放下猫时，应先蹲下来，然后命令猫"下来"就很容易了。

项目 2-5　猫的跳圈训练

一、训练方法与步骤

将一个环状物体或小呼啦圈立着放在地上，主人站在环的一面，让猫咪站在对面。主人发出"跳"的命令，同时向猫咪招手，如果猫咪穿过圆圈走来，就立即奖励它美食；如果猫咪绕过圆圈走过来，不但不给它奖励，还要轻声训斥它。在食物的引诱下，大多数猫咪会在主人发出"跳"的命令时，穿过圆圈走过来；每穿过圆圈一次都要奖励，几次训练后，不用食物诱导，猫咪在主人的命令下就会穿过圆圈。

逐渐升高圆环，每次升高 6～10cm，猫咪每跳过一次，都要给予食物奖励；当猫咪从圆环下面走过来时，不能给予奖励。刚开始，猫咪可能由于圆环升高了，不敢跳过来，主人可手拿食物放于圆环内引诱，并不断发出"跳"的口令，只要猫咪跳过去一次，以后的训练就容易了。

二、训练的注意事项

在没有食物诱导的情况下，猫咪能跳过离地面 30～60cm 高的圆环，训练就算成功。为避免猫咪跳环反射的消退，隔一段时间，就训练猫咪跳过这一高度的圆环，然后给予食物奖励，以巩固猫咪跳环的条件反射。

项目 2-6　猫与主人深情对视的训练

一、训练方法与步骤

好奇的猫咪在面对很多新奇事物的时候，总是喜欢东张西望，甚至顾不上看主人一眼。想要猫咪听从命令注视自己，你就要对它进行必要的训练。

① 手拿食物站在猫咪面前，呼唤它的名字以引起注意，让它看到你手里的食物。

② 将手中食物慢慢上举，高度与眼睛齐平，同时发出"看"的口令。

③ 如果猫咪注意到了你手中的食物，并且用眼睛期待地望着你，就立即夸奖它，同时将食物喂给猫咪。这样重复多次，猫咪就能养成与主人对视的习惯。

④ 如果猫咪听到"看"的口令后，仍然东张西望，你可将手中的食物在它面前晃一下，引起它的注意，或将食物递到猫咪面前让它嗅一下，并且重复"看"的口令。

经过以上训练，猫咪一听到"看"的口令，就会长时间地注视主人。

二、训练的注意事项

我们经常可以看到，一只猫咪双眼始终直视前方，甚至长时间不会改变视线。这时最好不要打扰它，它在注意周围的动静，它也会像犬一样为主人看家；如果你此时干涉猫咪的行为，它很有可能将你的亲近当作攻击！

 项目总结与思考

1. 如何进行猫的握手训练？
2. 如何进行猫的跳圈训练？
3. 如何进行猫的挥手训练？
4. 如何进行猫的亲吻训练？

模块三

观赏鸟的驯导

模块概述

由于鸟类本身具有鸣唱、跳舞等很多天赋，所以养鸟可以给人们带来很多乐趣。但是随着人们玩赏水平的提高，自然状态下鸟的技艺已经不能满足人们欣赏的需要，必须通过训练提高鸟的本领。实践证明，只要精心选择品种、性别，并利用正确的训练方法适时训练，就完全可以得到歌声优美、技艺高超的优秀观赏鸟。

鸟的调教首先要从基础训练着手，然后再做技艺项目训练。基础训练一般包括驯熟、出笼、接食、上架、鸣唱、说话等。

除了说唱训练以外，鸟还可以进行多种技能的训练，如放飞、空中叼物、提吊桶、开"锁"取食、拉抽屉找食、戴面具、叼物换食等。但不是所有的鸟都具备掌握技艺的先天条件，只有选准受驯的对象，驯鸟才能事半功倍。

思政及职业素养目标

1. 牢固树立唯物主义世界观，不断进步；作为新时代大学生要不断以社会、学习环境、生活环境的变化改变自己，要尽快树立掌握技能、服务生产、服务社会的学习态度。

2. 培养吃苦耐劳的品质、忠于职守的爱岗敬业精神、严谨务实的工作作风、良好的沟通能力和团队合作意识。

3. 具有从事本专业工作的安全生产、环境保护意识。

项目 1

观赏鸟的基础训练

 技能目标

　　熟悉观赏鸟的驯熟、出笼、上架、接食、鸣唱、说话等科目的训练方法，能熟练进行观赏鸟的驯熟、出笼、上架、接食、鸣唱、说话等科目的训练。通过本任务学习，牢固树立唯物主义世界观；动物及人类在进化过程中不断适应环境，作为新时代大学生也要不断以社会、学习环境、生活环境的变化改变自己，要掌握知识和技能，不断为社会生产提供服务，树立良好的价值观，端正学习态度。

一、驯熟的训练方法

　　基础训练的第一步是驯熟。实现"小鸟依人"的目标需驯鸟人付出很多努力。首先要有感情上的投入，如关心鸟的冷暖、饥渴、沐浴、卫生等每件小事，其次要亲自饲喂，如喂给鸟喜欢吃的昆虫幼虫（如蟀虫、粉虫）及水果等，同时喂食时要给声音信号，通过这样才能使鸟逐渐与人亲近，达到驯熟的目的。

二、出笼的训练方法

　　调教鸟出笼应选择鸟略有饥饿感的时机。方法是当笼门打开时，主人手持鸟喜食的虫子或其他食物在笼外引诱，同时，在笼外发出"出笼"的口令，鸟出笼时，就奖励以食物。然后，转入笼内引诱，发出"入笼"指令。鸟进笼子后立即给食物奖励。用这种方法反复训练，使鸟在主人的指令下做出笼或进笼的动作。但出入笼的训练要在室内进行，房子的门窗应事先关好，以防鸟飞走。

三、上架的训练方法

　　调教上架又称回叉，是指鸟能在鸟架上或鸟棒上停立栖息。上架饲养的鸟，首先要使它能安静站立在架上或木棒上，脚上或颈上套上"颈扣"。鸟可以在"颈扣"细绳长度的范围内自由飞落。刚套上"颈扣"的鸟常因不习惯被束缚而感到不适，表现为用嘴咬绳、挣扎欲逃。这时可以用水喷湿鸟体，迫使它安定。对特别烦躁而体质又好的鸟用水喷湿后还可将它置于寒风中（时间要短，否则易染病）并不给它饲料。经过几次这样的"惩罚"，鸟就会习惯在木架或木棒上安静站立。只有能安定地在木架上生活，才能开始训练表演技艺。

开始训练时，鸟一旦上棒（架），一定要注意看管。发现鸟呈"上吊"状时，要立即用手托鸟重新上棒。如无人可把鸟架放在近地面处，以免鸟因颈绳缠绕窒息而死。

四、接食的训练方法

所谓接食，是指鸟停在鸟棒上，驯导者散落手中食物时鸟能张嘴而食（也包括接飞食，即鸟能离棒飞而食之）。接食时，人与鸟的距离、方向可随鸟动作熟练的程度而改变。

训练鸟接食和接飞食的方法是：先取走鸟食缸，每次喂食代之以手。鸟在饥饿的状况下一般不会拒食，经过犹豫徘徊之后，它最终会到驯者手中啄食。鸟养成在驯导者手中取食的习惯后，就会对驯导者的手掌倍感亲切。接下来每次喂食时都要有意地将手掌来回移动使鸟追食。经过多次反复训练，鸟就会顺从驯导者的指挥动作了。以后，驯导者可以离鸟远些，在颈绳范围内引鸟来吃。最后，鸟会随着"来""去"或"飞""回"等口令，在主人的手中吃食或回到栖架、鸟棒上去。接食、接飞食的动作连贯熟练后，要逐渐加大距离重复训练多次，待距离超过 3m 后，就可以放开拴鸟的线或链，进行放飞的训练。

五、鸣唱的训练方法

鸣叫是各种鸣禽的本能。根据鸟类叫声的长短和复杂程度，可将鸟叫分为鸣唱和鸣叫两种类型（也可以分为鸣唱、鸣叫和效鸣三种类型）。但要使鸟的鸣声更加悠扬，音调和节奏更条理有序，必须经过反复的训练。

1. 鸟的鸣唱和鸣叫

鸣唱又称鸣啭、啭鸣或歌唱。鸣唱通常是鸟在性激素控制下产生的响亮的、连续的、富于变化的多音节旋律。繁殖期雄鸟发出的婉转多变的叫声就是典型的鸣唱。鸣唱是有领域行为的鸟类用于划分和保卫领域、警告同种雄鸟不得进入及吸引雌鸟前来配对的重要方式。鸣唱所发出的"歌声"复杂多变，大多发生在春夏繁殖期间，通常由雄鸟发出。

鸟的鸣叫与鸣唱不同。鸣叫是不受性激素控制的、雌雄两性都能发出的、通常是短促单调的声音。鸣叫发出的声音也有很多含义，常用于个体间的联络和通报危险信息等活动。鸣叫大致可分为呼唤、警戒、惊叫、恫吓四类。

2.鸣唱训练

鸟的鸣唱训练最好选择当年的、羽毛已长齐的雄性幼鸟（老鸟的叫声已定，反应迟钝，无训练价值），采取定时间、定环境、不间断的方法进行训练。定时间最好是在笼鸟精力充沛的清晨（日出前后），定环境指选择无惊扰的、草繁花茂的安静场所。接受训练的鸟宜采用单笼饲养、雌雄分养（如合在一起，则无求偶意图，会导致不叫）。

训练的方法主要有带教和遛鸟两种。

（1）**带教**　选择安静的场所和已调教好的鸟或其他动物，采取两笼并悬的办法。在训练时罩上笼衣，用已调教好的鸟或别的动物领叫，让幼鸟在密罩的笼内洗耳恭听。也可用录音机播放鸣唱声代替调教好的鸟，每天不间断地训练。聪明的鸟一周就可以见效，多数鸟在几周至几个月就能学会多种鸣唱声，并且能有序地连续鸣唱，甚至还能学会一些简单的歌曲。

（2）**遛鸟**　就是每日定时间、定地点带鸟出去行走。遛鸟虽然简单，但对于训练鸟更重要。在鸟学鸣唱时，难免学会一些"脏口"。对有"脏口"的鸟必须及时纠正。纠正的方法是：当鸟鸣唱到"脏口"时，用筷子、手势或声音等提醒它，阻止它继续鸣唱这个句子。经过反复不间断的纠正，一般都可让鸟忘记"脏口"。

六、说话的训练方法

动物界几乎只有鸟能够模仿同类或其他动物的声音或叫声，但鸟类中可以模仿人说话的也仅有少数几种。主要有椋鸟科的八哥（八哥必须捻舌后才能教学说话）、鹩哥和黑领椋鸟，鸦科的红嘴山鸦和松鸦，鹦鹉科的绯胸鹦鹉、葵花鹦鹉和灰鹦鹉，另外还有红嘴蓝鹊。

1.鸟的选择及基础训练准备

训练鸟说话要选择毛齐后或刚刚离巢的幼鸟。教前必须与主人已经熟悉。教说话时也要选择安静的环境，时间最好选在每天清晨、空腹的时候。在教的过程中，驯导者先发出教的声音信号，鸟学会后即给予食物作为奖励。最终达到驯导者一叫，鸟就有回应。

2.训练的程序与方法

第一，所教的语言应先简后繁，音阶由少到多。开始时最好选"你好""再见""欢迎欢迎"等简单的短句；第二，教授时必须口齿清晰、发音缓慢；第三，一句话要坚持一周左右，学会后要巩固3～5d才能开始第二句的学习；第四，鸟学习第一句话最难，一旦学会第一句以后就容易了，所以训练要有足够的耐心。比较聪明的鸟在学成一组语言后，还可以教简单的歌谣。

训练鸟说话的方法还有许多，如用录音机反复放一句话，让鸟对着镜子或对着水盆学习，或由会说话的鸟带着学习等。

目前，市售的训练鸟录音带如《金喉玉口》《鹩哥、八哥学话》等，由于声音好、背景音乐自然优美，不仅可以训练鸟速成，而且可以激发鸟的鸣唱。

七、手玩鸟的训练方法

手玩鸟是经过训练后能够立于人手或与人玩耍的鸟。一只对环境已完全熟悉的手玩鸟能听懂主人的号令。它可以在手掌上取食，在肩膀上逗留，片刻不离主人左右，所表现出的动作惹人喜爱。

可以用于训练手玩鸟的有白腰文鸟、芙蓉鸟、珍珠鸟、虎皮鹦鹉和牡丹鹦鹉等。这些鸟不仅羽色艳丽、体态优美，而且易于繁殖，很适合初学者饲养。对于初学养鸟的人来说，还可以通过鸟的手玩训练，逐步掌握养鸟的规律，提高养鸟的兴趣。

具体训练有以下几个要点。

1.建立感情

从雏鸟开始，饲养者就要在手上喂养它，让它在手上啄食。在进食前后，还要留出一定的时间与它游戏。一边同它玩一边给它吃的，一边轻轻地抚摸鸟的脖子，让鸟逐渐克服对人的恐惧感，增进与人的感情，慢慢地与人成为朋友。

2.采取食物控制方式训练鸟

选择清晨鸟空腹的时候，投些好食料喂它，但一次不要喂得太饱。用手一点点地喂给鸟喜欢吃的食物，这样多次喂食引诱其活动，使其形成条件反射。

3.有规律地放鸟

每天要把鸟从笼中放出来运动 1~1.5h，并形成规律。白腰文鸟虽然羽色并不十分鲜艳，但容易饲养，又能人工繁殖，而且可以教给技艺，所以非常适合驯养成手玩鸟。驯养时，选用 15d 左右的雏鸟，每天从巢中取出。将小米面、青菜汁和牡蛎粉加水调和放在手上喂它，并与它玩耍，让它习惯与人相处。长大后可以逐步增加喂食时间间隔。

虎皮鹦鹉也是适应室内饲养的一种手玩鸟，对它调教最好从小开始进行（但成鸟也可以）。选用 12~13d 的雏鸟，放在手上进行饲喂，用食物引诱它们的同时辅以吹哨声，时间一长便可形成条件反射。驯熟后鸟可以无拘无束地在人的手上或肩上玩耍，还可以在两人之间飞来飞去，表演一些简单的技艺。

训练时，笼内应设置栖木、吊环、小型游艺设备等供鸟玩耍。

项目 2

观赏鸟的玩赏互动训练

 技能目标

　　熟悉观赏鸟的放飞、空中叼物、提吊桶、开锁取食、拉抽屉找食、叼物换食等科目的训练方法，能熟练进行观赏鸟的放飞、空中叼物、提吊桶、开锁取食、拉抽屉找食、叼物换食等科目的训练。通过本任务学习，牢固树立唯物主义世界观；动物及人类在进化过程中不断适应环境，作为新时代大学生也要不断以社会、学习环境、生活环境的变化改变自己，要掌握知识和技能，不断为社会生产提供服务，树立良好的价值观，端正学习态度。

一、放飞的训练方法

　　适宜放飞的鸟有黄雀、朱顶雀、蜡嘴雀、灰文鸟、芙蓉鸟和八哥等。训练鸟放飞有多种方法，如上架饲养放飞、鸟笼内饲养放飞和室外放飞等。

1.上架饲养放飞法

　　鸟主人在手心中放些饲料，让鸟啄食。经多次训练后，使鸟形成"人手中有食"的条件反射。在此基础上，让鸟啄食几粒后，将手握成拳。反复多次以后，鸟又形成了"人握拳就吃不到食"的第二种条件反射。重复训练下去，鸟见食又得不到食，在饥饿状态下就会大胆地飞到手上来啄食。让鸟啄了几粒后驯导者再握拳。这时鸟啄不到食，就会飞回鸟架上。采取这种方法训练之前，鸟颈项上需用线拴住。经多次训练后，鸟与笼距离超过 1m 时，解除鸟的颈项线，鸟就可自由地来去飞行。

2.鸟笼内饲养放飞法

　　首先笼内食缸不放饲料，使鸟饥饿，然后在竹片上放鸟喜食的麻子、苏子等，从鸟笼缝中伸入给鸟啄食。当鸟习惯后，将竹片上的饲料转移到笼门口喂食。学会以后可以打开笼门让鸟站在门上啄食，接着将竹片从笼背后伸入，让鸟转头向里。巩固几天后，再让鸟在关闭的房间内飞翔，停止飞翔后，将鸟笼靠近鸟，打开笼门（注意房间门窗关好），将竹片上的饲料从笼背伸入，引诱鸟进入笼内。反复训练 2～4d，鸟就会飞进笼内啄食。但鸟笼的位置不要轻易调换，否则鸟不会飞进笼内。

3.室外放飞法

选择室外草地、广场等场所，把握在手中的鸟扔向天空，鸟飞翔一圈再回到主人的手中即为成功。

准备室外放飞训练的鸟，最初宜用鸟架单独饲养，用软索系住脖子，软索另一端系于鸟架上。训练主要也是利用食物的诱惑。白天使鸟处于饥饿或半饥饿状态。但是，在傍晚要喂给足够的食物，使鸟晚上能正常休息。这样，第二天的早晨鸟才能精神饱满地接受训练。训练时，第一步是主人手中托着鸟喜食的食物，同时给鸟信号或呼唤鸟的名字，诱使它下架来啄食，随着训练时间延长，逐渐将系脖的软索加长。第二步是室内训练鸟出笼啄食。训练时鸟脖子上不用套绳索，鸟飞翔的远端与笼的距离逐渐增加。第三步是在鸟能听从命令自由上架或进出笼的前提下，在院内进行短距离试飞。在鸟飞出一定距离后，及时发信号令其回到手上啄食和进笼，以后逐渐增加飞行的距离和高度。经过这样的训练，鸟会形成每飞一回就有一顿美餐的条件反射。这时，室外放飞训练就已完成。值得注意的是，驯熟以后的鸟，放飞时都不能吃饱，每次放飞的时间也不能太长（约 15min），否则在外界环境的诱惑下，容易使鸟乐而忘返。另外，避免放飞的鸟被家中的猫、犬等惊吓，否则会因对"家"产生恐惧而不愿回来。

二、空中叼物的训练方法

将放飞成功并处于半饥饿状态的鸟放出笼来，主人手中托着食物在鸟面前来回晃动，诱其前来啄食。经过几次训练后，当鸟飞起前来啄食时，可将食物抛向鸟头上方，诱它在空中接食。当鸟能在空中接食时，可减少正常饲喂方式，改以抛喂为主。而后用大小和重量适当的玻璃球或牛骨制的光滑弹丸等其他物品代替食物。当鸟接住空中的球弹因吞咽不下（设计时就让鸟吞不下）而吐出时，即奖励一点食物。反复训练多次后，鸟能熟练准确地接住球弹并送回到主人手中换食，这时可将球弹抛得更高更远，最后可用弹弓射入空中。驯熟的蜡嘴雀最多一次可接取球弹 3～4 颗。

三、提吊桶的训练方法

对黄雀和锡嘴雀等，还可训练其"提吊桶"的技艺。因这一技术要嘴、爪兼用，训练难度比其他技艺要大。吊桶不能太大和太重，可用轻质材料制成，并用粗细合适的粗糙麻绳或棉线吊于鸟架或鸟笼的栖木上。训练鸟提吊桶时，在吊桶内放少量鸟喜爱的食物，让它学会从吊桶中啄食。经过多次反复训练后，可将吊桶的绳子放长，使鸟不能轻易啄取到桶内的食物；这时鸟就会在绳索上东啄西啄，当它衔住绳索并把桶提起发现了桶内的食物时，就会想办法用爪将绳子踩在栖木上，再啄取桶内的食物。而后逐渐放长系桶的绳子，让鸟慢慢学会一段一段地反复衔起吊桶并踩住绳子。驯熟的鸟，嘴爪配合协调，动作利索，能很快将桶提到所需的位置啄取食物。

四、开"锁"取食

对一些喜欢吃种子食物的鸟可训练其开"锁"取食的技艺。训练的道具是一个透明的上下无底的玻璃方形扁瓶，瓶内隔成多条纵深的管道。每条管道在上下适当的位置钻几个小孔，供插火柴棒或其他小棍（锁栓）用。训练时，在细小的玻璃管道的小孔中插上一根锁栓，将花生米等颗粒食物放在管道内锁栓上方。在突出于玻璃瓶外的锁栓一端黏附苏子等食物，然后诱使半饥饿的鸟啄食黏附在锁栓上的食物。当受训鸟啄食时把锁栓从小孔中拔出，并逐渐在管道上下小孔中插上一排锁栓，小鸟只有把全部锁栓拔除后，花生米才能掉落下来。也可在玻璃管道内放置玻璃小球，当鸟拔除锁栓使玻璃球掉落下来后即奖励一点食物。而后逐渐加大鸟的工作量，在玻璃瓶的每一管道中各放上一个玻璃球，每一条管道都插上一排锁栓，使鸟把全部锁栓拔除让所有玻璃球掉下来后再奖励食物。这一技艺难度不大，多种笼鸟都可训练。

五、拉抽屉找食训练方法

在鸟放飞训练成功的基础上，可进行拉抽屉找食的训练。训练的手段仍然是让其处于半饥饿状态，利用食物奖励使其形成条件反射。"拉抽屉"适于蜡嘴雀和其他一些嘴力量较大的鸟，同时抽屉的重量也要合适。训练时，用一根细索系住抽屉的拉手，另一端系一粒鸟喜爱的食物，然后开笼发出口令，诱使鸟来啄取绳端的食物。经过一段时间的训练后，绳端不系食物鸟也会叼住绳子用力拉拽。当其每拉开一次抽屉时，就奖励一点食物。而后可将食物放在抽屉里，当鸟拉开抽屉后发现抽屉里有食物就会自食，慢慢就形成了"拉开抽屉找食"的习惯。

六、叼物换食的训练方法

将鸟喜食的食物粘贴在牌签、纸币、糖果或香烟等物体上，或藏在这些物体中，诱使鸟前来啄食。经过一段时间后，物体中不再放食物，当鸟偶尔叼起一件东西时，即奖给一点食物，使它逐渐形成"叼物换食"的习惯，而后用手势和口令来训练其叼物换食。驯熟的鸟可在主人命令下为客人送糖送烟等。

参考文献

[1]　何立宁，夏凤竹．宠物狗驯养技术 [M]．石家庄：河北科学技术出版社，2014．

[2]　李凤刚，王殿奎．宠物行为与训练 [M]．北京：中国农业科学技术出版社，2008．

[3]　董大平，杨洋．家庭宠物犬训练 [M]．北京：北京体育大学出版社，2006．

[4]　李群．实用养犬训犬 800 问 [M]．合肥：安徽科学技术出版社，2013．

[5]　周士兵．犬的行为与训练 [M]．长春：吉林科学技术出版社，2006．

[6]　李明．新编宠物犬训练百科 [M]．长春：吉林科学技术出版社，2010．

[7]　唐芳索．训犬 [M]．成都：四川科学技术出版社，2010．

[8]　李凤刚，汤俊一．宠物驯养技术 [M]．北京：中国轻工业出版社，2015．

[9]　方乐民．新编训犬指南 [M]．南京：金盾出版社，2007．

[10]　王锦锋，于斌．犬的训导技术 [M]．北京：中国农业出版社，2008．

[11]　刘俊栋，陈则东．宠物心理与行为 [M]．北京：中国农业出版社，2020．

[12]　凯拉·桑德斯．训练狗狗，一本就够了 [M]．张中良，聂耳，译．北京：化学工业出版社，2020．

[13]　米丽娅姆·菲尔茨 - 巴比诺．训练猫咪，一本就够了 [M]．张超斌，译．北京：化学工业出版社，2019．

[14]　凯拉·桑德斯．狗狗技能训练，一本就够了 [M]．王小亮，译．北京：化学工业出版社，2020．

[15]　凯拉·桑德斯．幼犬训练，一本就够了 [M]．叶红卫，译．北京：化学工业出版社，2019．

[16]　凯拉·桑德斯．新手训狗，一本就够了 [M]．王冬佳，译．北京：化学工业出版社，2019．

幼犬的环境适应训练

1. 外界环境的适应训练

① 初期可带犬进入相对条件比较简单的环境，如公园、草坪、小树林，带犬到人行道上散步等。

② 随着训练的深入，幼犬已对外界环境有了初步认识，胆量有所增强，加之习惯主人的牵引和抚摸，所以应带到更复杂的环境进行锻炼。

2. 居住环境的适应训练

① 犬刚到新的环境，最好将其直接放入犬笼或在室内安排好休息的地方，适应一段时间后再接近它。

② 接近犬的最好时机是喂食时，这时可一边将食物送到犬的眼前，一边用温和的口气对待它，用温和的音调呼喊犬的名字，也可温柔地抚摸其背毛。

幼犬与主人亲和关系的培养训练

1. 亲自喂犬
主人每天给犬喂食，以满足犬的食物需要，使犬的依恋性不会受他人喂食的诱惑而减弱。

2. 带犬散步
主人应坚持每天一定次数地带犬散步和运动。

3. 一起游戏
同犬玩耍的方式多种多样，既可以引犬来回跑动，也可以静止地与犬逗弄，或用奖食逗引犬等，让犬对主人产生强烈的依恋性。

4. 呼唤名字
当犬主人多次用温和音调的语气呼唤幼犬名字时，呼名的声音刺激可以引起犬的"注目"或侧耳反应，这时犬主人应该进行给犬喂食或带它散步等亲密的活动。

5. "好"的口令和食物奖励
"好"的口令要求用普通音调或奖励音调发出，同时与美味食物结合使用。

6. 抚拍
抚拍就是抚摸和轻微拍打犬的身体部位，尤其是犬的头部、肩部和胸部。抚拍是使犬感觉舒服的一种非物质刺激奖励手段，通常与"好"的口令结合使用。

幼犬的唤名训练

1. 取名
给幼犬取名，最好选用容易发音的单音节或双音节词，使幼犬容易记忆和分辨。如果幼犬有两只以上，名字的语音更应清晰明了，以免幼犬混淆。

2. 选择适宜的环境
应选择在犬心情舒畅、精神集中的地方，与主人或别人嬉戏玩耍或在向你讨食的过程中进行。

3. 利用奖励的训练方法
在幼犬对呼名有反应后，立刻给予适当的奖励（如食物奖励或抚拍）。

4. 呼名语气要亲切和友善
在训练过程中要正确掌握呼唤犬名字的音调，同时要表情和蔼友善，以免造成唤犬名引起害怕。

幼犬听从"好"的口令训练

① 当犬按主人的意图完成某种动作后，主人马上下"好"的口令表扬犬，同时给犬美味食物。经过多次训练后，主人下"好"的口令，犬就会很高兴，它就知道自己会得到食物吃。

② 初期训练时，"好"的口令必须与美味食物结合使用才能训练。通过多次训练之后，"好"的口令才能成为一种条件刺激，才能用它来替代美味食物。

③ "好"的口令不能滥用，只有当犬按主人的意图完成某种动作后才能下"好"的口令表扬犬。

犬的匍匐训练

1. 口令

"匍"。

2. 手势

右手向下挥向前进方向。

3. 匍匐前来的训练方法

驯导员先令犬卧延缓，然后走到犬对面 3～5 步的地方，左手控制训练绳，发出"匍"的口令和手势，指挥犬匍匐前进。当犬匍匐到驯导员的面前后给予奖励，如果犬欲起立，可抖动训练绳，重复"匍"的口令。

4. 匍匐前进的训练方法

令犬卧于右侧，驯导员也取卧下姿势，右手握短牵引绳，发出口令和手势令犬匍匐，同时与犬一起匍匐，边匍匐边以口令"好"和抚拍奖励犬，犬如欲站起来或不匍匐，则用左手进行控制。

犬的吠叫训练

1. 口令

"叫"。

2. 手势

伸出右手食指在胸前点动。

3. 利用犬的自由反射训练法

可在犬牵出犬舍前训练。驯导员把其他犬牵出犬舍后，站在被训犬的犬舍外面，被训犬看到其他犬出了犬舍而急于出去，但因驯导员不放而不停地发出叫声，此时，驯导员发出"叫"的口令或手势，指挥犬吠叫。

4. 利用犬的食物反射训练法

此法适用于食物反射强的犬。在犬饥饿状态下或喂犬前，驯导员提着犬食盆或手持食物，站在犬舍外引诱犬，犬由于急于获得食物，表现出兴奋，这时驯导员发出"叫"的口令和手势，同时用食物在犬面前逗引。

5. 模仿训练法

模仿训练是利用其他训练有素的犬去影响被训犬的训练方法。训练时，将被训犬牵到其他喜欢叫或已形成条件反射的犬附近，当其他犬吠叫时，被训犬也跟随吠叫。

犬的安静训练

1. 口令

"静"。

2. 方法

驯导员牵犬进入训练场，助训员鬼鬼祟祟由远及近地逐渐接近驯导员。当犬欲发出叫声时，驯导员及时发出"静"的口令，并用手轻击犬嘴，如犬安静，立即给予奖励，然后助训员继续重复上述动作。驯导员则根据犬的表现，也可以加大刺激量，经过反复训练，直到使犬对口令形成条件反射。

训练犬养成能在强烈音响刺激的环境下安静的能力，可选择在犬舍附近进行。训练时，在距犬舍 40～50m 处以鞭炮、发令枪、锣鼓等发出各种声响，初期犬会有胆怯、退缩现象，这时驯导员采用安慰鼓励、游戏、抚拍和食物等引起兴奋反应，分散犬的注意力，使犬习惯于平静地对待各种音响。

犬的游散训练

1. 口令

"游散"。

2. 手势

右手向让犬去活动的方向一甩。

3. 建立犬对口令和手势的条件反射

驯导员用训练绳牵犬向前方奔跑，待犬兴奋后，立即放长训练绳，同时以温和音调发出"游散"的口令，并结合手势指挥犬进行游散。当犬跑到前方后，驯导员立即停下，让犬在前方 10m 左右的范围进行自由活动，过几分钟后驯导员令犬前来，同时扯拉训练绳，犬跑到身后，马上给予抚拍或美食奖励。

4. 脱绳游散

当犬对口令、手势形成条件反射后，即可解去训练绳令犬进行充分的自由活动，训练员不必尾随前去。在犬游散时，不要让犬跑得过远，一般不要超过 20m，以方便驯导员对犬的控制；离得过远时，应立即唤犬前来。

犬的衔取训练

1. 口令

"衔""吐"。

2. 手势

右手指向所要衔取的物品。

3. 强迫法

首先让犬坐于驯导员左侧，驯导员右手持衔取物发出"衔"的口令，用左手轻轻扒开犬嘴，将物品放入犬的口中，再用右手托住犬的下颌，同时发出"衔"和"好"的口令，并用左手抚拍犬的头部。犬如有吐出物品的表现，应重复"衔"的口令，用左手抚拍犬的头部，并轻击犬的下颌，使犬衔住不动。

犬的躺下训练

1. 口令

"躺"。

2. 手势

右臂直臂外展45°，右手向前下方挥，掌心向前，胳膊微弯。

3. 建立犬对口令和手势的条件反射

选一安静平坦的训练场地，驯导员令犬卧好，发出"躺"口令的同时，用手掌向右击犬的右肩胛部位，迫使犬躺下。犬躺下之后，立即给犬以食物奖励，并发出"好"的奖励或给予游散，如此反复训练，直至犬能根据口令迅速执行动作。

4. 距离指挥和延缓能力的培养

在犬对口令、手势形成基本条件反射后，驯导员令犬卧下，走到犬前50～100cm处，发出"躺"的口令和手势，如犬能顺利执行动作，应立即回原位奖励。如果犬没有执行动作，立即回原位刺激强迫犬躺下，然后奖励犬，延缓2～5min，令犬游散或坐起。如此反复训练，即可使犬形成条件反射。

犬的后退训练

1. 口令

"退"。

2. 手势

右手伸直向前，掌心向下，向外侧摆动手掌。

3. 方法

① 驯导员带犬到安静清洁平坦地方，在立延缓的基础上，将牵引绳一端拴在犬的脖圈处，另一端系住犬的后小腹部，驯导员站在犬的右侧，左手拿后小腹牵引绳，右手抓犬的项圈处，发出"退"的口令，左手轻拉牵引绳向后上方，右手同时向后拉项圈。

② 也可用诱导法使犬后退，对"退"的手势建立条件反射。带犬到熟悉的训练场所，先挑逗引起犬的兴奋性，然后将犬喜欢衔咬或吃的物品放在犬的头部后上方，左手牵训练绳发出"退"的口令，驯导员正面对着犬头走前几步，犬自然会向后退去，右手拿物品的同时手掌带动手腕，掌心向下向前摆动，犬如能后退1～2m就给予奖励游散。

犬的接物训练

1. 口令

"接"。

2. 方法

开始训练时，可以使用小块饼干或牛肉干。先让犬正面坐，然后拿出饼干或牛肉干让它嗅闻一下，并向后退几步，面对着犬，发出"接"的口令，同时把饼干向犬嘴的方向扔去。如饼干正好扔到它的鼻子上方，多数犬能用嘴接住，主人就让犬吃掉饼干予以奖励强化。如犬接不住，主人应迅速上前捡起落在地上的饼干，重新扔给它。

当犬达到上述能力后，主人就可以用1只球代替饼干进行训练，此时，犬的动机也不在饼干，而在于游戏。主人可让犬坐着或立着，拿出球对犬发出"接着"的口令，并将球抛向上方。由于犬已掌握了该游戏的技巧，常常能轻松地接住。

犬的坐下训练

1. 口令
"坐"。

2. 手势
① 正面坐：右大臂向外伸与地面平行，小臂与地面垂直，掌心向前，呈"L"形。

② 左侧坐：左手轻拍左腹部。

3. 机械刺激法
置犬于驯导员左侧，下达"坐"的口令，同时右手持犬项圈上提，左手按压犬的腰角，当犬被迫做出坐下的动作时，应立即给予奖励。

4. 诱导法
手持食物或衔取物品沿犬的头部正上方慢慢上提，同时不断下达"坐"的口令。犬为了获得食物或物品必然抬头，后肢不能承受全身体重，因而坐下。当犬坐下后，立即用"好"的口令和食物进行奖励。

5. 正面坐训练方法
当犬对"坐"的口令、手势形成初步条件反射后，再训练正面坐。一般的方法是用牵引带控制住犬，然后再下达"坐"的口令，同时做出手势。

犬的卧下训练

1. 口令
"卧下"。

2. 手势
① 正面卧：驯导员右臂上举，然后直臂向前压下与地面平行，掌心向下。

② 左侧卧：驯导员左腿后退一步，右腿呈弓步，上身微屈，右手五指并拢，从犬鼻前方撇下。

3. 强迫法
令犬坐下，驯导员呈跪下姿势，左手绕过犬体握住犬的左前肢，右手握住右前肢，然后发出"卧"的口令，同时左臂轻压犬的肩胛，犬卧下后立即给予奖励。如果训练的是小犬，因其胆量较小，强迫的力度一定要轻，动作要慢，可将犬两前肢提起，轻轻摇晃，让犬适应，然后逐渐向前引导，让犬卧下，再给予奖励。

4. 诱导法
犬取坐姿，驯导员用食物或衔取物品引起犬的注意，然后不断下达"卧下"的口令，右手持食物或物品朝犬的前下方移动，直至犬卧下为止。在这一过程中左手要始终控制住犬，不让犬起立和移动，犬卧下后即给予奖励。

犬的站立训练

1. 口令
"立"。

2. 手势
右臂在自然放松状态，以肩为轴由下而上直臂前伸，至水平位置，五指并拢，掌心向上。

3. 方法
（1）强迫法　犬取坐姿，驯导员右手握短牵引绳，左手绕过犬体托住左腹部，在发出"立"的口令的同时，向上发力，使犬站立起来。当犬起立后，及时给予奖励。

（2）诱导法　犬取坐姿或卧姿，驯导员站在犬的身体右侧，首先引起犬的注意，然后下达"立"的口令，同时左脚向前迈一步，犬出于跟随主人的习惯，则自然站立起来，犬站立起来后，控制不让犬向前移动，静立一会，让犬感受立的状态，再进行奖励。

犬的随行训练

1. 口令
"靠""快""慢"。

2. 手势
左手自然下垂，轻拍左腿外侧。

3. 方法
（1）有绳随行　左手反握牵引绳，将牵引绳收短，发出"靠"的口令，令犬在驯导员的左侧行进，如犬不能很好地执行，可用牵引绳强迫。

（2）脱绳随行　首先把牵引绳放松，使其对犬起不到控制作用，当犬离开预定位置后，用口令和手势令犬归位，如犬不能很好地执行，可用牵引绳强迫其归位。

（3）随行中完成坐、卧、立等各项规定动作　在随行的过程中，在下达口令（坐、卧或者立）的同时，迫使犬做出相应的动作，然后对犬施以奖励。在施以强迫时，动作要迅速、得效，犬完成动作后，要及时充分奖励，以缓和犬的紧张状态。

犬的握手训练

1. 口令

"握手""你好"。

2. 手势

伸出右手，呈握手姿势。

3. 方法

训练时，主人先让犬面向自己坐着。然后，伸出一只手，并发出"握手"的口令，托犬抬起一只前肢，主人就握住并稍稍抖动，同时发出"你好""你好"的口令，这是对犬的奖励，也是握手礼节所必需的。如此几次练习后，犬就会越来越熟练。当主人发出"握手"的口令后，犬不能主动抬起前肢时，主人要用手推推它的肩，使其重心移向左前肢，同时伸手抓住右前肢，上抬并抖动，发出"你好""你好"予以鼓励犬，并保持犬的坐姿。如此训练数次，犬就能根据主人的口令，在主人伸出手的同时，迅速递上前肢进行握手。在握手的同时，主人要不断发出"你好""你好"表示高兴的样子，夸奖犬以激发犬的激情。握手也是主人与犬进行感情交流的方式。

犬的舞蹈训练

1. 口令

"舞蹈"。

2. 方法

主人首先令犬站起，然后用双手握住犬的前肢，并发出"舞蹈"的口令，同时，用双手擎住犬前肢来回走动。开始，犬可能由于重心掌握不住，走得不稳，此时，主人应多给予鼓励，并表现出由衷的高兴。当犬来回左右走了几次之后，放下前肢，给犬以充分的表扬和奖励。

经过多次辅助训练，犬的能力有了一定提高后，就应逐渐放开手，鼓励犬独自完成，并不停地重复口令"舞蹈"。开始不要时间太长，在意识到犬快支持不住时要停止舞蹈，并给以奖食。最初，只能让犬进行几秒钟，随着犬舞蹈能力和体质的提高，可逐渐延长舞蹈时间，最终可达到 5min。

犬的乘车训练

1. 口令

"上""下"。

2. 手势

手指向车上或指向车下地面。

3. 方法

训练初期，先训练犬上下踏板式摩托车，再训练上下汽车的能力。训练时，驯导员先将摩托车停好，手提牵引绳，发出"上"的口令，同时做出上车手势，令犬上车。

训练犬上下汽车的方法与训练上下摩托车的方法相同，但首先要让犬熟悉汽车车厢中的环境，在训练过程中可在车厢中放一些犬感兴趣的食物或玩具。在训练犬上下车门较高的汽车时，犬可能感到害怕，此时可先训练其学习跳平台，训练其根据"跳"的口令做动作。

犬的跨越训练

1. 口令

"跨"。

2. 手势

右手向障碍物挥去。

3. 方法

训练先从跳高 30～40cm 的障碍物开始。驯导员手提能引起犬兴趣的玩具把犬牵到离障碍物 2～3 步前处令犬坐下，然后持牵引绳一端，走到障碍物侧面对犬发出"跨"的口令，同时向障碍物的方向扯牵引绳，驯导员也可与犬一起跳过障碍物。当犬跳过去后，及时给予抚摸或食物奖励，重复 3～4 次。

第二步要训练犬根据口令和手势独立跳跃的能力。先让犬在距离障碍物 3～5m 处坐下，驯导员手持伸缩式牵引绳的一端，跨过障碍物，面向犬发出"来"的口令，当犬接近障碍物时，立即发出"跳"的口令，并用牵引绳引导犬跳过。

犬的前来训练

1. 口令
"来"。

2. 手势
以肩为轴，左臂由自然下垂状态外展至水平位置，手心向下，五指并拢，然后再由水平位置以肩为轴内收至自然下垂状态。

3. 强迫法
给犬系上长训练绳，让犬处于自由状态，当犬离开一段距离时，驯导员下达"来"的口令，并做出手势，如犬不理会，则通过训练绳给犬一个突然的拽拉刺激，同时加重口令，犬来后即予以奖励。

4. 常见问题及解决办法
① 前来速度较慢。加大诱导和奖励力度。

② 前来速度太快冲过坐下位置。应提前发出"慢"的口令加以控制，同时也可利用自然地形阻挡犬。

犬的拒食训练

1. 口令
"非"。

2. 手势
竖直手掌，掌心朝向目标，平缓推出，保持静止。

3. 禁止随地拣食
驯导员训练时将几个食物散放在训练场，然后牵犬到训练场游散，并逐渐接近食物。当犬有欲吃食物的迹象时，驯导员立即发"非"的口令，并伴以猛拉牵引绳的刺激，犬停止拣食之后，应给予奖励。

4. 拒绝他人给食
驯导员牵引犬进入训练场，助训员很自然地接近犬，手持食物给犬吃。如犬有吃食物的企图时，驯导员用手轻击犬嘴，同时发出"非"的口令。

犬的延缓训练

1. 口令
所要求延缓的某一动作的口令。

2. 手势
所要求延缓的某一动作的手势。

3. 培养犬的延缓意识
令犬保持某一姿势（坐、卧或者立），驯导员缓步离开1～2m，始终保持密切注意犬，反复下达口令，并做手势。然后立即回到犬的身边奖励犬，逐步培养犬的延缓意识。

4. 进行延长距离和时间的训练
犬有了延缓的意识后，即开始延长距离和时间的训练。在这一过程中时间和距离的延长要保持平衡，延长距离时时间不要过长，延长时间时距离不要拉得过大。两种能力交替上升。犬有了相当的延缓能力后，驯导员可以隐蔽起来，暗中监视犬的行动。如犬欲动则重复下达口令，不动则进行奖励。此后逐步延长时间，变换各种环境锻炼。可由助训员进行一般性的干扰，如犬仍不动，即达到训练目的。

犬的前进训练

1. 口令
"前进"。

2. 手势
右臂挥伸向前，掌心向里，指示前进方向，如在夜间可以用电光指示方向。

3. 利用"参照物"进行训练
用犬最喜欢的物品逗引犬，犬兴奋后当犬面置于一高约50cm三脚架顶端（此三脚架即为"参照物"），然后让犬短距离前进到三脚架面前之后卧下，让犬建立只有卧下等待主人前来，才能得到物品这样一种联系。

4. 利用有利地形训练前进
选择沿墙小路、河堤、稻田或走廊等有利地形进行训练。先令犬面向前进方向坐下，驯导员以手势指向前方，同时发出"去"的口令。并跟在犬后面一同前进，只要犬向前行进就要及时以"好"的口令给予奖励。

幼犬的佩戴项圈和牵引绳训练

① 把项圈戴在宠物犬的脖子上，让其与脖子之间留有两指左右的距离。

② 宠物犬可能会抓挠项圈，此时，主人要用食物来吸引、分散它的注意力，宠物犬的注意力集中到食物上后就会自然忘记项圈。

③ 渐渐延长宠物犬佩戴项圈的时间，以使宠物犬可以适应一直戴着它。

④ 接着把牵引绳安放在项圈上，在不被弄坏的前提下可令其随意拖拽。

⑤ 当宠物犬习惯拖着牵引绳时，主人可以拉着牵引绳和宠物犬一起走，如果宠物犬表现出惊恐或厌烦，主人要及时给予口头表扬或食物奖励。

⑥ 接下来，牵着牵引绳，让宠物犬跟着你走，直到宠物犬完全适应项圈和牵引绳为止。

幼犬的外出训练

① 带宠物犬出门散步，如果宠物犬走在了你的前面，就马上转身，向相反方向走。

② 如果宠物犬落后了，主人可以轻拉牵引绳，让宠物犬跟上来，并给予食物鼓励。

③ 如果跟上来的宠物犬再次走到了你的前面，要再换个方向继续走，让它不得不再次落后。反复练习，直到宠物犬学会与你同行。

④ 让宠物犬坐在你的左腿旁，给它戴好项圈和牵引绳。右臂放在身体前面，右手紧握牵引绳，叫宠物犬的名字，以吸引它的注意。

⑤ 当你开始走时，发出"跟着"的口令，并用左手拍打自己的左腿，示意宠物犬跟上。如果宠物犬听话地跟着，则要马上给予口头表扬和食物鼓励。

⑥ 当宠物犬在正确的位置与你走了一段之后，主人可以停下来休息一下，然后重新练习，直到它可以在牵引绳放松的情况下，时刻走在你的身边。

⑦ 最后，主人可以解开项圈和牵引绳，让宠物犬自由玩耍一会。

幼犬的定点排便训练

① 排便地点应较隐蔽，在犬舍隐蔽处选固定角落，放置一张报纸或塑料布，上面撒些干燥的煤灰或细砂，上放几粒犬粪，表明过去曾有犬在此大小便。

② 训练犬"如厕"，幼犬每3h左右一次。发现犬有排便的预兆，如不安、转圈、嗅寻、下蹲等，立即将犬抱进盒子里或人用的厕所里让它排便，经过5～7d，犬一般就会主动到自己的厕所或固定地点排便。

③ 正确奖励方法，在掌握了犬排便前的举动后，当出现这些征兆时，立即把它带到事先选好的排便地方，直到排便结束，立即进行奖励，可以食物或抚摸。

幼犬的安静休息训练

1. 选择犬窝

首先要为幼犬准备一个温暖舒适的犬窝，里面垫一条旧毯子。先与犬游戏，待犬疲劳后，发出"休息"的口令，命令犬进入犬窝休息。如果犬不进去，可将犬强制抱进令其休息。休息时间可以由最初的3～5min慢慢延长到10～20min，直至数小时。

2. 放置一些玩具

把小闹钟或小半导体收音机放在犬不能看到的地方（如犬窝垫子下面），当主人准备休息或外出时，令犬进去休息。因为有小闹钟和收音机的广播声（音量应很小）可使犬不觉得寂寞，从而避免犬乱跑、乱叫。经过数次训练之后，犬就形成安静休息的条件反射。

犬的致谢训练

1. 口令
"谢谢""作揖"。

2. 手势
两手掌心向下，提至胸部，五指并拢，手指上下自然摆动。

3. 方法
训练时，驯导员在犬的对面，先发出"站"的口令，当犬站稳后再发出"谢谢""作揖"的口令，同时用手抓住犬的前肢，轻轻上下摆动，重复数遍后给予奖励。然后逐步拉大距离，发出口令，不用手辅助，让犬独立完成。

如犬不能执行命令，也可用食物引诱。将犬感兴趣的食物放到犬眼前上方，当犬想获得食物时就会用嘴去吃食物，此时驯导员可将食物慢慢地向犬头上方移动，并保证犬不能吃到。为了能顺利地吃到食物，犬会抬起前肢，努力地想获得食物，此时驯导员发出"握手"的口令，并用手握住它的前肢，上提并抖动，与此同时，以食物进行奖励。

犬的绕桩训练

1. 口令
"绕"。

2. 手势
右手食指指向需绕的木桩或树桩。

3. 方法
训练初期，在平坦的地面上每隔0.5m立一根木桩，一般可立3～5根。驯导员用牵引绳控制犬，采取强迫的方式与犬一起进行绕桩训练，同时发出"绕"的口令，绕完所有木桩后给予食物或抚摸奖励，也可以"好"进行奖励。驯导员也可一手提牵引绳，另一手握犬感兴趣的玩具在前方引诱，同时发出"绕"的口令，诱使犬前进逐步绕过每一根桩，当绕完最后一根桩时，把玩具抛出，待犬衔回后再给予食物或抚摸奖励。

在犬建立对绕桩口令的条件反射后，可在每次训练的同时加入手势训练，逐步使犬建立口令与手势的神经联系，当犬能独立完成每一个动作后都要及时给予奖励，以增加其下次完成训练的勇气和信心。驯导员可以自己的双腿作为木桩，在缓慢的前行中训练犬在腿间穿梭前行。